Please make
the finest goods
for me,
bow!

Dogs love your hearty
handmade goods!

動手做
狗狗配件、用品

Snowman 編著　張金蘭 譯

Walking Goods 遛狗用品

Accessory 飾品

Cont

Toy 玩具

House Goods 狗屋用品

ents

Wear 服裝

●開始動手前，請先翻閱76～77頁的「量身和尺寸」・「基本的技術和記號」

Walking Goods

彩豔項圈牽繩組

Colorful
Collar&Lead

首先，必須為家中的狗狗選擇適合的緞帶花樣
選定好花樣後，只要縫在帶子上就完成了。
小花小姐選用紅心圖案。
佳奇先生選用多色彩的臘筆圖案。

〔設計・製作〕un peu for DOG
★做法刊載於第9頁

Model Dog

佳奇

傑克羅素㹴犬

1歲10個月

白天充滿精力的佳奇，喜歡跑到臥
房前，用牠的前腳「咚！咚！」敲
你的房門。奇怪，為什麼一定要敲
兩次呢？

高貴珍珠項圈牽繩組

Arrange Collar&Lead "Pearl"

米雷非常喜歡球,是可以跳很高的深咖啡色獵犬。

利用珍珠在項圈裝扮上稍做改變,使得米雷更有成熟的味道。

使用市面上所販售的項圈和牽繩,只要將珍珠附上即可,是很簡單的。如果是較小的小狗,可改用較小的珍珠來搭配。

〔設計・製作〕un peu for DOG
★做法刊載於第10頁

Model Dog

米雷(全名米雷尼阿姆)

拉布拉多獵犬

2歲2個月 ♀

不管在家或在外面都視球如命。「為什麼?這麼好的天氣,而且又是在戶外,為什麼沒球可玩?」照相時,米雷的心裡一定是這麼想著。

浪漫布花項圈牽繩組

Arrange Collar&Lead
"Corsage"

Model Dog

來福

拉布拉多獵犬

1歲8個月 ♀

「米雷，為什麼今天我們沒球可玩呢？」也是視球如命的來福，已經有5次的吞球紀錄，雖然都有取出來了，還真讓狗爸爸狗媽媽擔心呢！

來福和左邊的米雷是玩球的對手。
以胸花和珍珠做對照，做盛裝的打扮。
在夏季和冬季，可分別以不同花色及布料的胸花改變氣氛。

「設計・製作」un peu for DOG
★做法刊載於第10頁

Model Dog
拉比
迷你雪納瑞犬
1歲8個月 ♀

雖還沒生過小貝比，卻充滿母愛的拉比，最得意的是對小朋友的照顧。每當牠的狗妹妹比來到家裡時，牠就擺出一副要餵牠奶的母愛姿態。

炫耀項圈牽繩組

Decoration Collar&Lead

這樣的項圈可以襯托出迷你雪納瑞犬。加上市面上所販售的髮飾飾品，做出有立體感設計的項圈，你覺得如何？
請依自己的喜好安排出可愛的圖案。

〔設計・製作〕un peu for DOG
★做法刊載於第11頁

龐克皮革項圈

Leather Collar

龐克感覺的項圈，用市面所販售的皮革和釘飾釦就可以簡單地自己完成的作品。
有圓形、星形、菱形等各種造型釘飾釦。
對於短毛的狗狗們，請發揮創意決定適合牠們的裝扮。

〔設計・製作〕un peu for DOG
★做法刊載於第11頁

Model Dog
沙瑪
拳師犬
7歲11個月 ♀

由於非常地喜歡球，每天都很快樂地遊玩著。牠的小貝比如果調皮的時候，牠就會生氣地瞪大眼。如何？羨慕這樣的沙瑪姐姐嗎？

Colorful Collar&Lead

彩豔項圈牽繩組

●Model size

頸圍S	頸圍M
25cm	**31.5**cm

●材料
[S]尼龍帶子寬1.5cm×180cm、裝飾緞帶寬1cm×180cm、
　　D型環1個、皮包釦環1個、側壓式插扣1組
[M]尼龍帶子寬2cm×192cm、裝飾緞帶寬1.5cm×192cm、
　　D型環1個、皮包釦環1個、側壓式插扣1組

●做法（S、M共通）
①參照圖的尺寸剪下尼龍帶子和裝飾緞帶的長度。
②尼龍帶子的中央放上緞帶，緞帶的端邊起1mm處做縫線固定。
③如圖項圈的帶子的兩端摺入，穿入側壓式插扣和D型環做縫
　接。側壓式插扣和D型環之間做縫線固定。
④如圖牽繩的端邊摺入，放入皮包釦環縫合。另一端摺入，縫
　合，做為拉手把。

重點

使用一般針縫的線，同一地方多縫幾次可以加強
其強度。

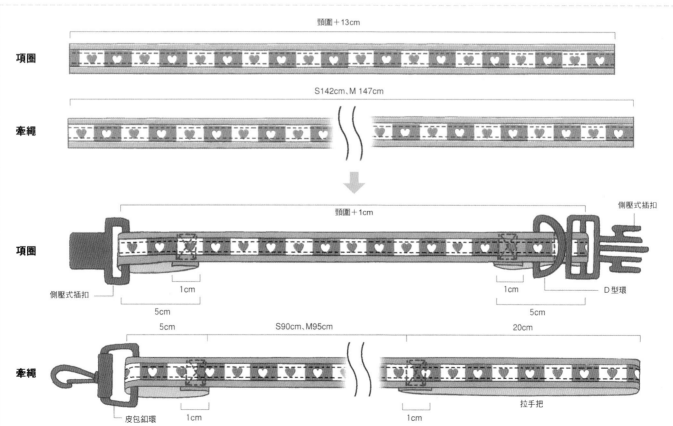

頸圍＋13cm

項圈

S142cm、M 147cm

牽繩

頸圍＋1cm

側壓式插扣

項圈

側壓式插扣　　1cm　　1cm　　D型環

5cm　　5cm

5cm　　S90cm、M95cm　　20cm

牽繩

皮包釦環　1cm　　1cm　　拉手把

高貴珍珠項圈牽繩組

●Model size

頸圍
41cm

●材料
項圈及牽繩（尼龍製品）1組、直徑
14mm珍珠2顆、12mm的珍珠5顆、
6mm的珍珠7顆、8號及2號的透明
釣魚線適量。

●做法
①仿真珠穿入8號透明釣魚線，兩端打
　結。
②用粗的縫針接縫於項圈上。
　最後將結做在表側不明顯的位置
　上。
　打結處用熱熔膠接著固定。
③參照圖以2號透明釣魚線穿入珍珠，
　繞兩圈於中央打結。
　用粗的縫針依自己喜好縫在牽繩
　上。

重點
由於②所打的結如靠在狗的脖子上會痛，所以結
必須在表側。再以黏膠固定就會很穩定了。

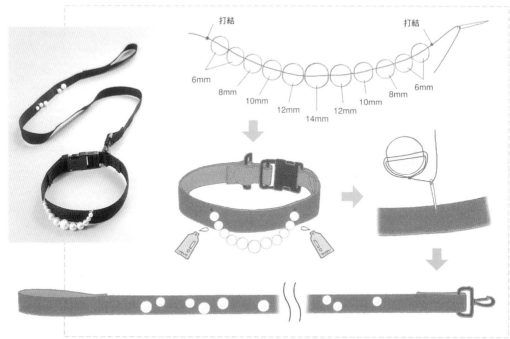

浪漫花布項圈牽繩組

●Model size

頸圍
41cm

●材料
項圈及牽繩（尼龍製品）1組
A布…棉布（水藍色底白色圓點）
　　　40cm×30cm
B布…棉布（白色底水藍色圓點）
　　　40cm×30cm
C布…羊毛布（格子布）　40cm
　　　×30cm
D布…羊毛布（灰色）　40cm×
　　　30cm
12cm正方的不織布1片
黏扣帶寬2.5cm×10cm

●做法
①布剪成圓形，做縮縫。
②拉線使其縮起，由小的一方開始
　捲。整理花形做縮縫。
③於不織布上縫接黏扣帶，再將②的
　花做縫接。相同的再做一個。
④接附於項圈和牽繩的拉手把上。

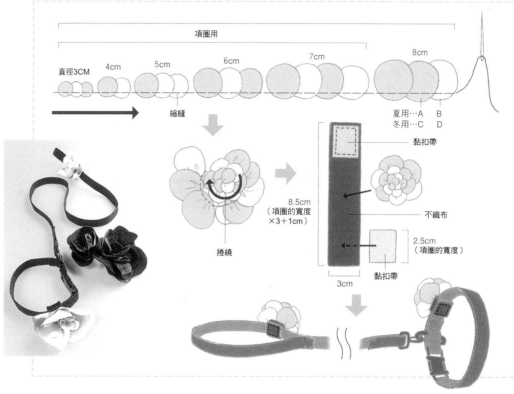

炫耀項圈牽繩組

●Model size

頸圍
28cm

●材料
項圈及牽繩（尼龍製品）1組，
裝飾5個

●做法
①取下髮飾上的鬆緊帶，只留裝飾。
②用黏膠接著於項圈及牽繩上。

☝ **重點**
進行②步驟時，以曬衣夾子
夾住就可以漂亮地黏著上。

髮飾鬆緊帶

龐克皮革項圈

●Model size

頸圍
41cm

●材料
皮革寬3cm×63cm、釘飾釦適量、側壓
式插扣1個、方型環2個、D型環1個

●做法
①於皮革上用打洞機打洞。
②配合設計做記號打洞。
③釘上釘飾釦後，將釘飾釦的裡側
　敲平。
④穿入及夾入釦環、方型環2個、
　D型環，再以釘飾釦固定住。

☝ **重點**
要敲釘飾釦時，為防止表側受
損，所以要墊上厚的布或皮或
專用底墊敲打，就不會有問題
了。或用打釦機也很方便。

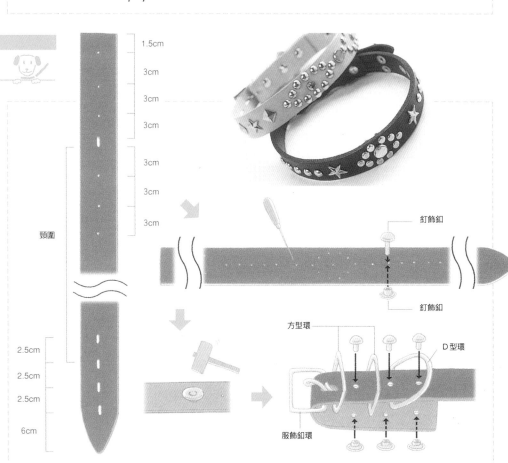

1.5cm
3cm
3cm
3cm
3cm
3cm
3cm

頸圍

2.5cm
2.5cm
2.5cm
6cm

釘飾釦

釘飾釦

方型環

D型環

服飾釦環

牛仔自背包及牛仔帽

Rucksack &Cap

瑪利亞本來是隻流浪狗，現在是家中的寶貝；在媽媽身邊時是寸步不離的被充分保護。
既戴著帽子，又背著背袋，如果媽媽能陪著一起照相，一定比什麼都高興。

〔設計・製作〕un peu for DOG

Model Dog

瑪利亞

混種狗

？歲？個月 ♀

在路旁的草叢和5隻小狗生活在一起。最初是會覺得害怕，現在也已經習慣和人相處，和同居的娣娣（拉布拉多犬）更是相親相愛。

Rucksack

牛仔自背包

●Model size

臀圍
43cm

●材料
牛仔布　寬120cm×60cm
黏扣帶　寬2.5cm×15cm
棉紗繩130cm、方型環1個、圓形繩釦2個

●做法
①口袋的位置清楚地於袋布上做記號。
②摺好口袋的褶子，做車縫固定。
　摺好口袋口，做車縫。
　摺好口袋的周圍，固定於袋布上。
　周圍做車縫壓線。
③做好口袋蓋子，縫於袋布上。
④腰帶布中表對好車縫，翻出表側，周圍做車
　縫。再接縫上黏扣帶。
　相反側的腰帶也相同地處理，穿入方型環。
⑤腰帶和頸帶的棉紗繩用固定針（珠針）固定於
　袋布上，旁邊車布邊鎖縫。
⑥將⑤摺好，中表及兩旁對好，縫至開口止點。
⑦開口止點的縫合攤平做車縫。
⑧袋口摺好三褶做車縫，穿入棉紗繩。

●紙樣
　（包含帽子）
　紙樣A面

Cap

牛仔帽

●Model size

頸圍	頭圍
36cm	**36.5**cm

●材料
牛仔布　寬120cm×30cm、
接著襯　寬90cm×20cm、
鬆緊帶　28cm

●做法
①摺好褶子，以珠針固定。
②帽邊布（裡側做為表側使用）做成輪狀，兩片的帽
　邊布將褶子包夾住車縫。翻回表面。
③帽簷以熨斗壓貼上接著襯，對好車縫，翻回表側。
　周圍做車縫。
④於帽邊布夾著帽簷和鬆緊帶做車縫壓線。
　於帽邊的上面也做車縫。

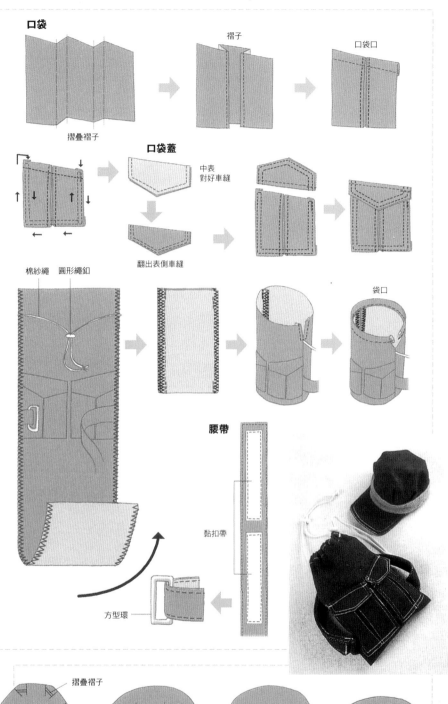

口袋

摺疊褶子　　褶子　　口袋口

口袋蓋

中表
對好車縫

翻出表側車縫

棉紗繩　圓形繩釦

袋口

腰帶

黏扣帶

方型環

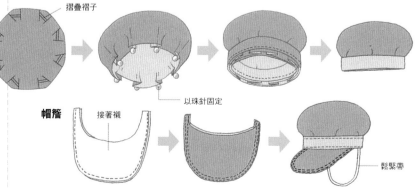

摺疊褶子

以珠針固定

帽簷　接著襯

鬆緊帶

隨身方便腰包

Waist Bag

以前總是習慣在散步中和擦肩而過的人們打招呼，阿諾現在已能乖乖地慢慢走了。
將能發出「啾啾」聲響的玩具或有鼓勵作用的食物放入腰包，出發散步去嘍！

〔設計・製作〕un peu for DOG

Model Dog

阿諾
（黃金獵犬）

8個月 ♀

拍照時真是費了一番折騰。「由於大家都很開心，太高興了，反而忙得手忙腳亂」。阿諾總是開朗活潑、充滿歡笑，是大家的偶像呢！

親子手提袋、項圈及牽繩組

Tote bag
Collar&Lead

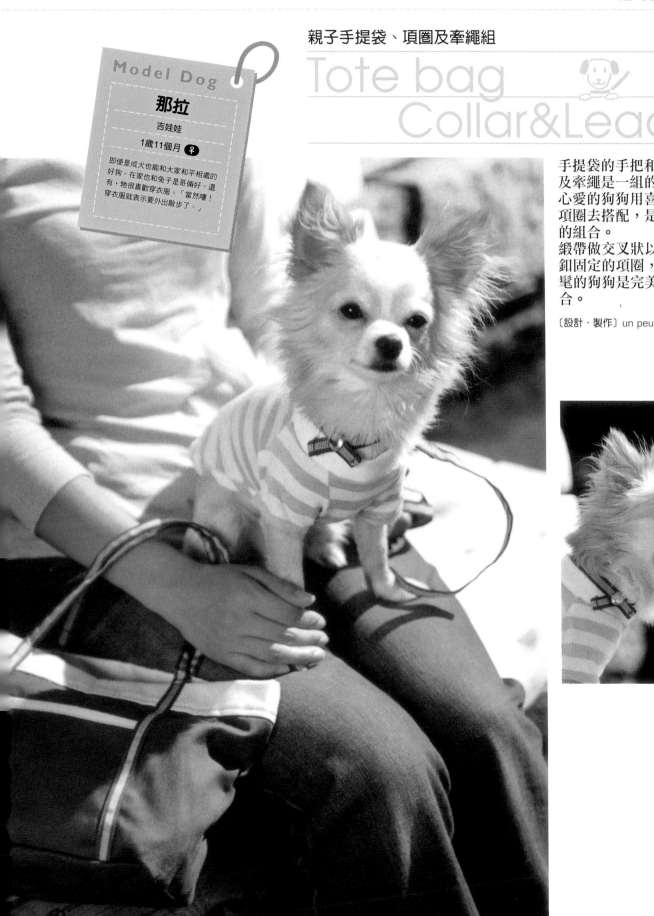

手提袋的手把和項圈及牽繩是一組的。
心愛的狗狗用喜歡的項圈去搭配，是快樂的組合。
緞帶做交叉狀以釘飾釦固定的項圈，和時髦的狗狗是完美的組合。

〔設計・製作〕un peu for DOG

Waist Bag
隨身方便腰包

●材料
柔軟的牛仔布　寬110cm×80cm
型染布用染料（芥茉黃色）
（型染：是指利用刻刀雕鏤紙版，並以大豆、
米、麥等穀物做成防染糊劑，再施染出各式
花紋的技法。）

●做法
①袋布A、B兩方都縫上褶子，以熨斗整燙使
　縫分倒向一方。
②袋布A的口袋口摺3褶做車縫。
③口袋a的狗狗輪廓（參照79頁）做型染。口
　袋口摺3褶車縫。
　縫分以熨斗整燙摺好。
　口袋b的口袋口摺3褶車縫。
　中央做盒褶，褶山線（表側和裡側）都車上縫線。縫分以熨斗整燙摺好。
　縫上裙鉤。
　口袋a、b以固定針固定於口袋的位置做車縫。
④製作遛狗帶子的布環，縫上黏扣帶（一起縫於袋布的接縫側）。
⑤皮包掛環的接附布的縫分以熨斗整燙，做車縫線，然後車縫於袋布上。
⑥裝飾布中表對好，翻回表側車縫。於壓鈕的位置釘上壓鈕。
⑦袋布A、B中表對好車縫，做車布邊鎖縫。翻回表側以熨斗整燙。
⑧已釘好的壓鈕（於袋布A釘好壓鈕）的袋子和腰帶布中表對好做車縫。
　腰帶翻到表面，以熨斗整燙摺好。車縫腰帶的端邊。另一方摺進去做車縫線。

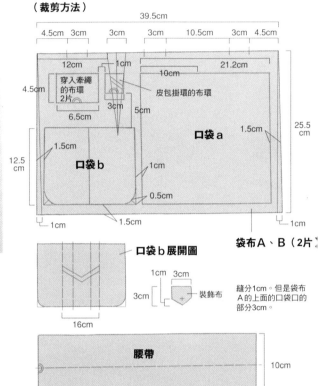

（裁剪方法）

口袋b展開圖

腰帶

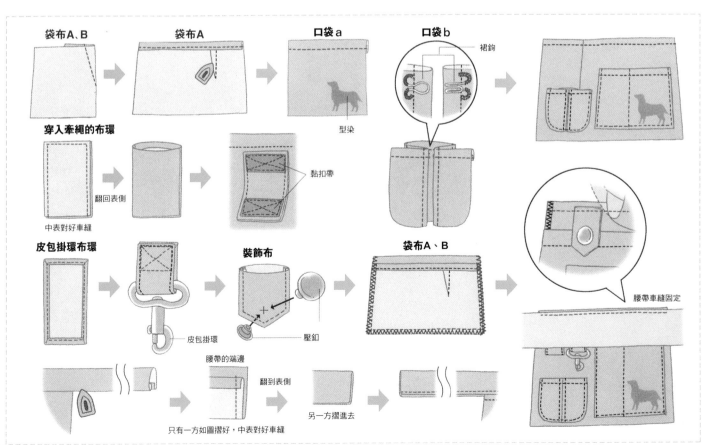

Tote bag

手提袋

●材料
棉布（淺褐色）寬110cm×15cm、（綠色）寬
110cm×30cm、尼龍帶子寬1.2cm×140cm

●做法
①於口袋口將剪接部分接縫上去，
　對好側面中心位置，放好先假縫固定。
②側面中表對好，做車布邊鎖縫。
③側面的剪接部分中表對好，車縫成輪狀。
④側面和剪接部分中表對好車縫接合。
⑤剪接部分翻到表側，用熨斗整燙摺好，做車縫線。
⑥縫接尼龍帶子。
⑦用車布邊鎖縫接合底部。

<剪裁方法>

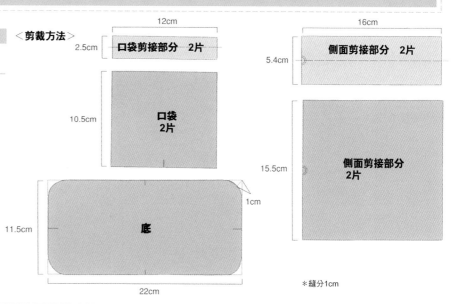

＊縫分1cm

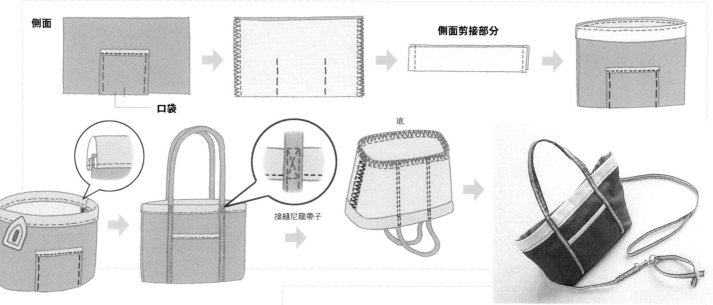

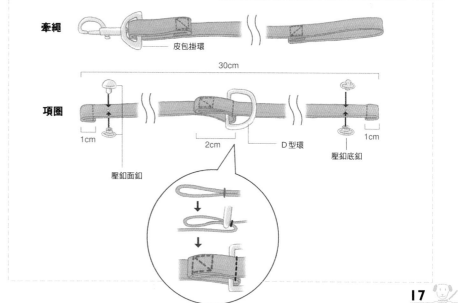

Collar&Lead

項圈及牽繩

●Model size

頸圍
25cm

●材料
尼龍帶子寬1.2cm×181cm（牽繩用
145cm長、項圈用36cm長）、皮包掛
環1個、D型環1個、壓釦1組

●做法
①牽繩的做法參照第9頁。
②將項圈的D型環縫接上。
③兩端摺入1cm車縫。
④將壓釦的面釦及底釦分別釘於兩端。

Accessory

亮麗墜飾串鍊
See-through Necklace

以鬆緊帶穿珠子，即使不量尺寸
也沒問題。胸前使用大一點的珠
子，是適合於長毛狗的設計。

〔設計‧製作〕岡崎惠美子
★做法刊載於第22頁

骨頭圖樣編織串鍊

Bone Pattern
Choker

仔細注意看就是骨頭圖樣的頸圈。
選擇更能襯托出毛的顏色來做。
雖然對於迷你狗是很適合的,但由於稍有
寬度,長毛狗戴起來也很漂亮哦!

〔設計・製作〕岡崎惠美子
★做法刊載於第22頁

魔術名牌

Name Tag

在很多狗集合在公園或大廣場上的地方,是很引人注目的大名牌標籤。
由於使用的名牌材質輕,對於喜歡玩的狗狗們,不會妨礙活動。

〔設計・製作〕ROSY
★做法刊載於第23頁

波西米亞風串鍊

Feather Necklace

剪成膨鬆的吊鐘形狀就是有個
性的PEACE，在普通的裝扮中
加入了時髦的感覺。
加了羽毛的串鍊，看起來是不
是更可愛了呢？
不受拘泥的木珠子和羽毛多了
一分率真和時髦。

〔設計‧製作〕岡崎惠美子
★做法刊載於第23頁

印地安風串鍊

Indian
Necklace

不管去哪裡，由於HANA和HULA都是一起行動，所以串鍊的顏色選擇不同的搭配。

戴頸圈不容易被看到的長毛狗，可在胸前做重點的設計，所以在此建議這種串鍊設計。

〔設計・製作〕岡崎惠美子
★做法刊載於第24頁

亮麗墜飾串鍊

●Model size

頸圍
25cm

●材料
圓形角珠6mm44顆、 圓珠8mm20顆、彈性透明釣魚線直徑0.5mm×120cm、擋珠12顆

●做法
①60cm的透明釣魚線2條穿入1個擋珠，再以尖嘴鉗壓住於中心點。
②於①的鬆緊帶依Ａ的順序穿入串珠和1個擋珠，擋珠以尖嘴鉗壓住固定。這樣左右各穿入5次。
③第5次的擋珠需將左右的透明釣魚線交叉穿入再壓住固定。
④在固定交叉的擋珠後，分別距2cm處再各穿入1個擋珠，也要壓住固定。
⑤將④的透明釣魚線分別穿入圓形角珠，做成珠球後，將線打結。
剩下的線再穿入靠近的串珠2、3個後剪斷。

 重點
做珠球時需注意不要將線拉太大力，以免線斷掉。

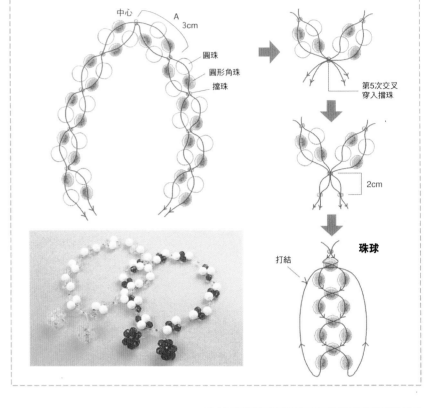

骨頭圖樣編織串鍊

●Model size

頸圍
18cm

●材料
大的串珠（黃色）193顆、（咖啡色）160顆、（白色）70顆、透明釣魚線6號300cm、黏扣帶寬1cm×5cm

●做法
①於100cm長的透明釣魚線參照顏色穿入串珠，12針×5為一段，共做到第三段。中途如果線沒了，可用打結的方法再以結束處的方法藏線，另外再用100cm的線繼續穿串珠，最後打結剪斷。
②兩端的黏扣帶用線縫接上去。

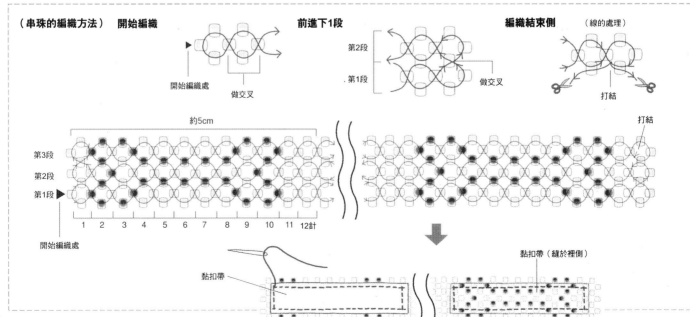

魔術名牌

●Model size

頸圍
38cm

●材料
魔術板、油性螢光顏料適量、圓形環1個、金屬圓珠鍊40cm

●做法
①魔術板配合本身會縮小的比率，擴大尺寸剪裁喜歡的形狀。並打上洞。
②用油性螢光顏料上色並寫上名字。
③將②放在皺皺的鋁箔紙上面，以烤箱加熱至其不會再縮為止。
④趁熱的時候壓平，並整理形狀。
⑤裝上圓形環和金屬圓珠鍊。

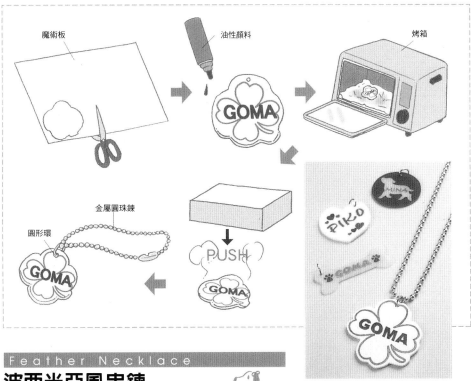

重點
配合設計的圖案形狀，塗上油性螢光顏色做漂亮的修飾。

波西米亞風串鍊

●Model size

頸圍
22cm

●材料
木珠子12mm6顆、9mm16顆、6mm58顆、銀色珠子6mm（橫的長度）4個、羽毛4～5根、9針1支、皮繩100cm

●做法
①於皮繩的中心做一個直徑2cm的圓圈後打結。
②4～5枚羽毛弄成束穿入9針的洞、將9針另扭出一個環使得皮繩能穿過。根基部放入一個6mm的木珠子，塗上接著劑固定。接著劑乾了之後，將多餘的羽毛根部前端剪齊。
③一方的皮繩也穿入珠子和②的羽毛部分後打結。
④另一方的皮繩穿珠子打結。
剪掉多餘的皮繩。

重點
木珠洞打結處為防止脫落，請打2、3次的結。

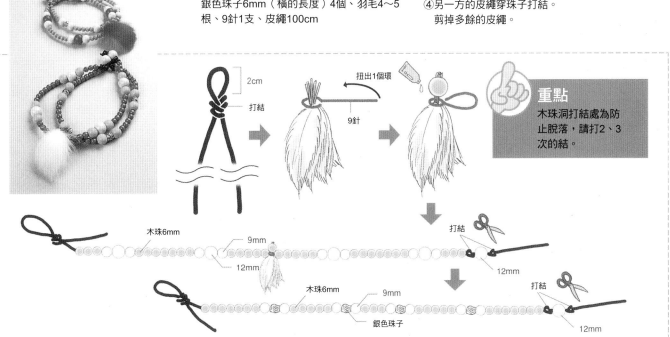

Indian Necklace
印地安風串鍊

●Model size

頸圍
38～39cm

●材料
塑膠串珠9mm44顆、E串珠（特大珠子）5.5mm78顆
（黃52顆、綠26顆）、銀製串珠（橫長13mm）4顆、皮繩
300cm、銀製飾物1個、圓形環3個

●做法
①3個圓形環串在一起，前端裝上銀製飾物。
②皮繩100cm長3條在前端25cm處先打一個結。
③於②的皮繩穿入塑膠串珠22顆、再穿入1個銀製串珠。
　　皮繩分別再各穿入E串珠12顆（1條串珠的顏色不同）。
④於3條皮繩中一起穿入銀製串珠1顆、①的端邊的圓形
　　環、1顆銀製串珠。
⑤和③相反方向也依順序穿入同樣數量的E串珠、銀製串
　　珠、塑膠串珠。
⑥皮繩打結，尾端參照圖處理。
　　另一方也同樣地將多餘的皮繩剪掉。

重點
皮繩若不容易穿入串珠的洞時，可將皮
繩的前端斜剪。

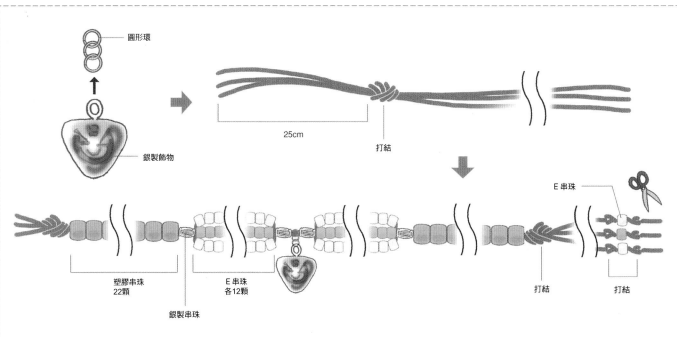

圓形環

銀製飾物

25cm

打結

E串珠

塑膠串珠
22顆

E串珠
各12顆

銀製串珠

打結

打結

個性造型領巾

 Bandanna

一起居住的富里和阿妙各戴著顏色不
同的條紋花樣和素色雙面用的領巾。
由於是小型犬，所以不用綁結，建議
使用黏扣帶，看起來比較乾淨俐落。

〔設計・製作〕un peu for DOG
★做法刊載於第27頁。

帥氣牛仔領巾

Arrange Bandanna

是適合於大型狗所
使用的附有穗子的
領巾。
此款是由市面販售
的方巾改造成的,
請依自己的喜好製
作。
對於豪邁的馬克斯
,美國風味的造型
頗有牛仔的味道呢。

〔設計‧製作〕un peu for DOG
★做法刊載於第28頁

Model Dog

馬克斯

拉布拉多獵犬

1歲9個月

從流浪狗生活中被救回的馬克斯,
雖然對於偷吃金魚的飼料、蝦的飼
料和真空包裝的水羊羹是很有經驗
的,不過其實牠是很溫和並具紳士
風度的。

Bandanna
個性造型領巾

●Model size

頸圍
28cm

●材料（S、M都相同）
棉布（條紋花樣）60cm×40cm、棉布
（素色布）60cm×40cm、黏扣帶寬2cm
×4cm、星星徽章1個、裝飾珠子1顆

●做法
①中表對好做縫合，多出來的縫分剪掉，翻到裡側。
②以熨斗整燙，車上縫線，剪掉多餘的縫合部分。
③徽章用整燙的方法附上，並縫上裝飾珠子。
④頸圍部分中表對好縫合，剪掉多餘的縫合，翻出表側。
⑤夾住③做縫合。
⑥縫上黏扣帶。

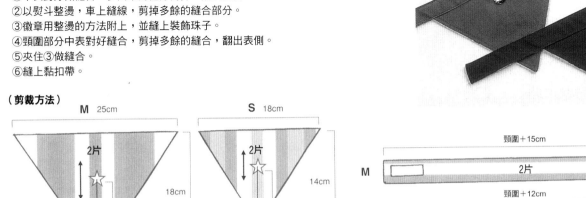

（**剪裁方法**）

M 25cm — 2片 — 18cm — 11.5cm

S 18cm — 2片 — 14cm — 9cm

＊縫合1cm
但三角形的上方不需縫合。1片是素色布。

M 頸圍＋15cm — 2片 — 3cm

S 頸圍＋12cm — 2片 — 3cm

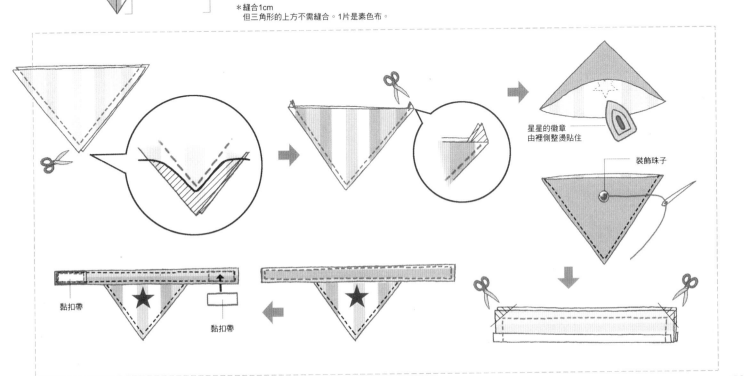

星星的徽章
由裡側整燙貼住

裝飾珠子

黏扣帶

黏扣帶

Arrange Bandanna

帥氣牛仔領巾

●Model size

頸圍
48cm

●材料
方巾一條、圓形釦眼14顆、星星釘飾釦4個、寶石
釘飾釦1個、皮繩650cm、木珠子11顆、銀製珠子
大7顆、小15顆、裝飾珠子1顆

●做法
①方巾摺對半成三角形。
②沒開口的一方以寬2cm摺7次（可依自己喜歡的長度）。
③將摺好的②中央打上釘飾釦。
④釘飾釦打上去之後，兩端由裡側做星止縫。
⑤三角形的下面做記號，打上圓形釦眼。
⑥參照圖，皮繩穿入珠子，再穿過圓形釦眼，於裡側打結。

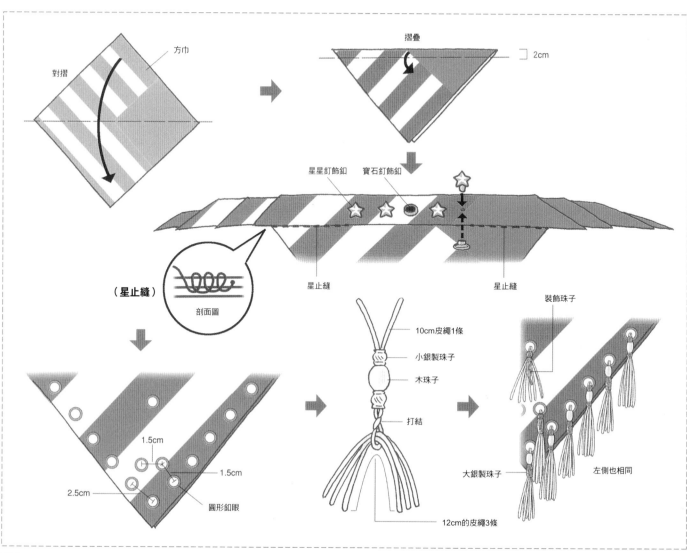

可愛串珠髮飾

Hair accessory
Long

增添可愛氣息的垂掛式髮
飾，只需戴在一邊。
外出買東西或外出用餐時
可佩帶。

〔設計‧製作〕岡崎惠美子

Model Dog

恩

西施犬

4歲7個月 ♀

「恩」這個名字和一般狗狗常取的
名字不太一樣。牠討厭的是吸塵
器的聲音。不過對於煙火和打雷
的聲音倒沒什麼感覺。牠最喜歡
的是牛奶和炸薯條。

俏麗蝴蝶結髮飾

Hair accessory
Ribbon

依據要出去的場合，可以改變一下飾品的
佩戴。
喜歡在寬廣的地方打轉，如要到公園散步
，就戴上多彩的蝴蝶結髮飾，肯定是可愛
又迷人。

〔設計‧製作〕岡崎惠美子

柔媚花樣髮飾

Hair accessory Flower

戴在額頭上可愛，
戴在耳朵上迷人，
戴許多不同顏色的也俏麗，
請做各種不同顏色的花樣以備用。

〔設計・製作〕岡崎惠美子

Model Dog

桃子

約克夏

3歲 ♀

最喜歡睡覺和去公園。但是到了公園也是喜歡睡覺。即使在家裡，也是趴在不會被踩到的沙發、椅墊睡午覺。

可愛串珠髮飾

●材料
彩珠4mm22顆（淺粉色12顆、深粉紅色8顆、黃色2顆）、擋珠5顆、彈性透明釣魚線4號20cm、寵物美容橡皮筋1條

●做法
①釣魚線穿在寵物美容橡皮筋上對摺，兩條一起穿入擋珠，線的左右弄得一樣長後，以尖嘴鉗固定擋珠。
②參照圖和A一樣地穿入彩珠，再放入擋珠以尖嘴鉗固定。
③重複②，將線穿入彩珠和擋珠，將擋珠固定。
④多餘的線剪掉。

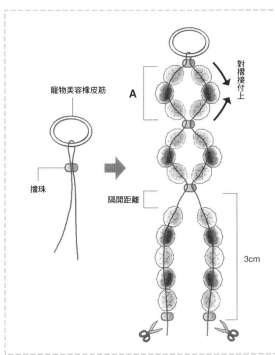

寵物美容橡皮筋

擋珠

A

對摺接付上

隔開距離

3cm

Hair accessory Ribbon

俏麗蝴蝶結髮飾

●材料
大串珠50顆、亮光串珠4mm3顆、透明釣魚線4號
30cm、擋珠2顆、寵物美容橡皮筋1條

●做法
①將線穿入亮光串珠1顆和大串珠15顆，然後再回穿入亮光
　串珠，使成為輪狀。
②①的一邊的線穿入大串珠15顆，再回穿至①的亮光串珠
　使成輪狀。
　將線穿過寵物美容橡皮筋，再穿入亮光串珠中。
③兩邊的線分別穿10顆大串珠、1顆亮光串珠、1顆擋珠，
　擋珠以尖嘴鉗固定。
④剪掉多餘的線。

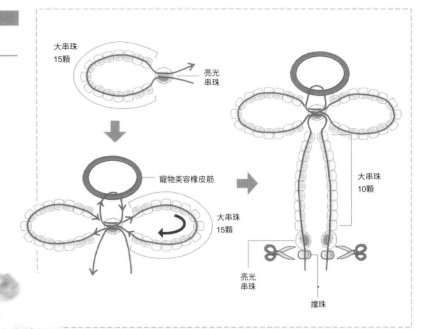

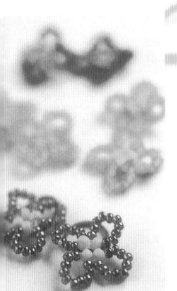

Hair accessory Flower

柔媚花樣髮飾

●材料
大串珠40顆、Ｅ串珠（特大珠子）4mm4顆、透明
線8號30cm、寵物美容橡皮筋1條

●做法
①將線穿入Ｅ串珠1顆、大串珠10顆，再回穿入Ｅ串珠。
②將①再重複做3次。拉緊線，打結固定。
③將②的線一條穿入緊鄰的Ｅ串珠1顆，另一條則穿過寵物美容
　橡皮筋，打結固定。
④將線分別穿入Ｅ串珠1顆，穿過後就剪掉多餘的線。

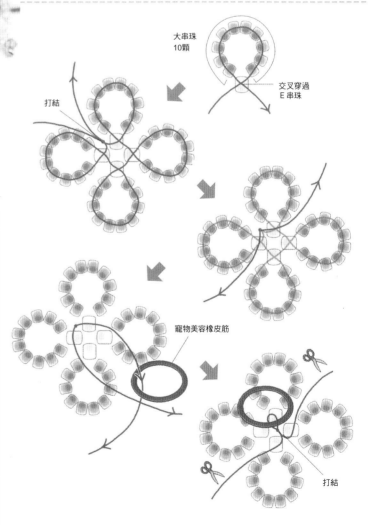

Toy

手套動物玩偶
🐶 Glove Doll

只要用現成的棉線手套,就
能完成讓人覺得驚豔的手縫
可愛玩偶。
手套用紅茶染色,斑點部分
則以咖啡上色。
即使狗狗去舔牠們也沒關係
的。

〔設計・製作〕遠藤真素美

Model Dog

普琳

巴哥犬

6歲8個月 ♀

在1歲半被收養以前,每天都很無
聊的過日子,現在最高興被帶出
去旅行!
既愛撒嬌又調皮,對於蘋果和香
蕉都沒興趣。

Bear
熊

Rabbit
兔子

Dog
狗

手套動物玩偶

Dog 狗

●材料

棉線白手套1隻，手縫線適量、繡線（深咖啡色）適量、填充棉適量、緞帶寬3mm×13cm、即溶咖啡少許

●做法

①手套翻至裡側，參照圖縫身體和尾巴，須預留縫分5mm做裁剪。頭和耳朵參照圖裁剪。身體和尾巴翻回表側。

②身體塞入填充棉。前腳中央剪切入1.5cm，裡面邊塞填充棉邊做斜針縫。

③頭部縮縫，塞入填充棉。

④耳朵做縮縫，塞入少許的填充棉，邊塞入填充棉，邊縮邊斜針縫。放在頭的角落耳朵的位置以斜針縫縫接。

⑤以4條繡線於頭部做法國顆粒繡為眼睛，即裡側固定線端。鼻子以繡線在臉的前端做平面繡。

⑥頭部縫接在身體上。尾巴則邊將縫分塞入邊做縫接。

⑦即溶咖啡泡濃些，以棉花棒沾咖啡塗上做斑點。

⑧咖啡乾了之後於頸部綁上緞帶。

（棉線手套的染色方法）

①手套浸入熱水中，輕輕搓揉使漿糊掉落，擰乾後拉平使其伸展。

②鍋中裝入2公升的水，放入2、3個紅茶茶包，顏色出來後，馬上取出茶包。

③將①的手套放入，約煮5分鐘後取出，以脫水機脫水晾乾。

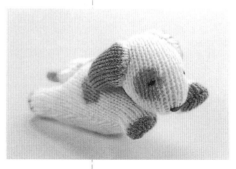

（棉線手套各部分圖）

Dog
狗

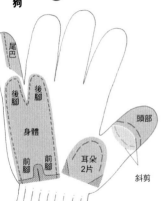

Rabbit
兔子

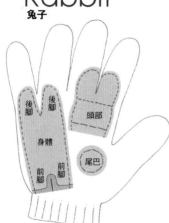

Bear
熊

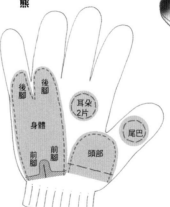

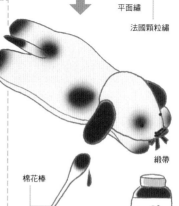

Rabbit 兔子

●材料
棉線白手套1隻、縫線適量、紅色
及咖啡色繡線適量、填充棉適量、
緞帶寬3mm×20cm

●做法
①棉線手套翻到裡側（參照33頁棉
　線手套各部分圖），參照圖縫身
　體和頭部。
　留下5mm的縫分裁剪下來。
　尾巴如圖裁剪。身體和頭部翻回表側。
　頭部縫上耳朵的根基部。
②身體和狗（參照33頁）的②相同做法。
③頭部塞入填充棉，做縮縫，拉線，縫分塞入
　以匚字縫縫合。
　以紅色繡線4條做法國顆粒繡當眼睛，打結
　後穿入裡側由頸部下面拉出線，使線頭停留
　在裡面。
　鼻子以2條咖啡色繡線做平面繡，嘴巴做直
　線繡。
　耳朵的正中央擦腮紅。
④參照圖耳朵的基部縮入，以匚字縫縫接。
⑤頭部接縫於身體上。
⑥尾巴做縮縫，塞入少許的填充棉、縫分也塞
　入做縫合。尾巴縫接於身體上。
⑦臉上擦上腮紅，頸部綁上蝴蝶結。

Bear 熊

●材料
棉線手套（參照33頁的染法）1隻、
縫線適量、深咖啡色繡線適量、填
充棉適量、緞帶寬4mm×20cm

●做法
①手套翻到裡側（參照33頁棉線手
　套各部分圖），如圖縫身體和頭
　部，留下5mm的縫分裁剪下來。
　耳朵和尾巴參照圖裁剪。身體和
　頭部翻回表側。
②身體和狗（參照33頁）的②相同做法。
③頭部縮縫，塞入填充棉。
　拉線、縫分塞入以匚字縫縫合。
④耳朵做縮縫，塞入填充棉，拉線做成半圓形縫合。
　縫合的部分對好頭部的縫線，以匚字縫接合。
⑤以4條繡線於頭部做法國顆粒繡繡出眼睛。
　繡線2條以輪廓繡繡出眉毛、眼睛和嘴巴，鼻子用平面繡。
⑥尾巴和兔子的⑥做法是相同的。
⑦臉上擦上腮紅。頸部綁上蝴蝶結。

重點
耳朵採用棉線手套縱向針織的部分。

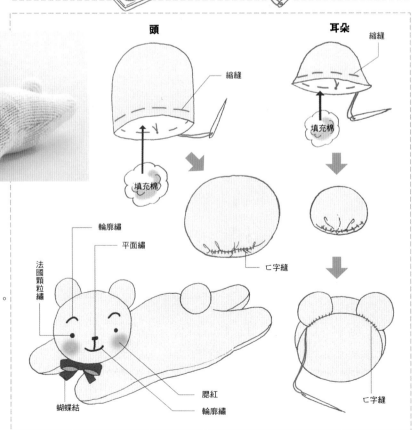

棉布趣味足球

打到臉上也不會痛的就是軟趴趴的棉布足球。
軟趴趴的棉布足球還可以讓狗咬。狗狗在撿球時能用嘴
巴去咬，牠一定會非常喜歡的。
用各種不同剩餘的布做成花稍的足球是非常可愛的。

〔設計・製作〕un peu for DOG

Model Dog

豆豆

傑克羅素㹴

1歲5個月 ♀

牠非常的八面玲瓏。和狗朋友遊戲
時非常滑稽，即使在家中也很愛搞
笑，自己投玩具還自己接招。

棉布軟質飛盤

Cotton
Flying Disk

由於做得很結實，所以能飛得很直。
份量輕，又是圓形的，散步時攜帶很方便，即使髒了也
可以容易地洗乾淨，是很方便的玩具。
飛盤玩具對於小型狗狗也是很適合的。

〔設計‧製作〕un peu for DOG

Model Dog

富步奇

邊境牧羊犬

2歲7個月 ♀

跑！跳！接住！「從來沒有看過富
步奇安靜過！」這是家人共同的感
覺。不過牠其實和吉娃娃一樣膽子
很小，所以不只要注意身體，更要
鍛鍊心理呢！

Cotton Soccer Ball

棉布趣味足球

●材料
印花棉布（星星花樣）寬110cm×10cm
印花棉布（橫條紋花樣）寬110cm×20cm
填充棉適量

●做法
①五角形的周圍都是六角形，參照圖裁剪，中表對好做縫接。
②留下三邊沒接縫，塞入填充棉，最後以斜針縫縫合。

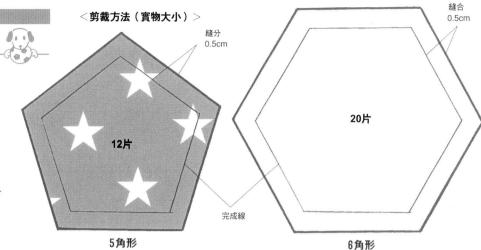

＜剪裁方法（實物大小）＞

縫分
0.5cm

縫合
0.5cm

12片

20片

完成線

5角形

6角形

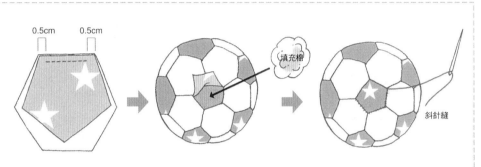

0.5cm　0.5cm

填充棉

斜針縫

Cotton Flying Disk

棉布軟質飛盤

●材料
印花棉布（星星花樣）寬110cm×30cm
印花棉布（橫條紋花樣）寬110cm×10cm
棉繩直徑1cm×73cm、接著襯寬90cm×30cm、毛線適量

●做法
①裁剪圓形2片、黏上接著襯。外表重疊對好。
②做滾邊條的布，於①的周圍將滾邊條縫接。要放入棉繩的地方不要接縫。
③滾邊條內側放入棉繩，再縫合起來。
④參照79頁描下狗的形狀，再用毛線以手工藝用黏膠黏上。

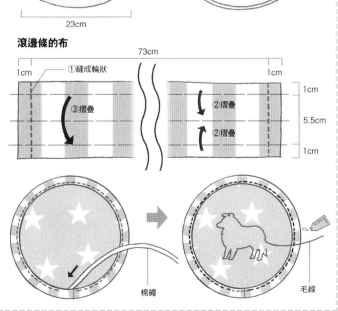

接著襯

23cm

滾邊條的布

73cm

1cm　　①縫成輪狀　　　　　　　　　　　　1cm

1cm

③摺疊

②摺疊

②摺疊

5.5cm

1cm

①縫成輪狀

棉繩

毛線

重點
滾邊條的布不必取斜紋布。

丹寧布骨頭

Denim Dumbbell

只要在厚棉布的端邊打結就
完成了。
這是最適合在房間內的遊戲
，可讓牠去拉扯啞鈴。
只要利用不穿的牛仔褲，就
可以做很多個，而且不會覺
得可惜。

〔設計・製作〕ROSY

菜瓜咬咬麻花圈

"Hechima" Ring

棉繩穿入菜瓜布中
做為玩具是有點奇怪，但是
逗逗就是很喜歡。
菜瓜布是粗糙的，棉繩是柔
軟的，兩種不同感覺混雜，
而牠竟然那麼喜歡。

〔設計・製作〕ROSY

Model Dog

逗逗

諾福克㹴

3歲9個月

歪著脖子說著：「誰想要玩具？」
一聽到「嗨！」手就舉起來。奇
怪，為什麼吃飯時間到了還不開
飯呢？

Model Dog

媚璐

威爾斯柯基犬（潘布魯克）

8個月 ♀

由於已經養得很大了，所以從有一天開始，牠就留守在家門口。也因為太無聊，就會就地挖個洞。可是等到家人回來後，牠就會纏著人不放。

Y字拉扯麻花繩

Tugging Rope "Y Type"

飼主以兩手拉住兩個地方，竟然也贏不了力量強大的狗狗。
也可以玩玩一個人和兩隻狗的拔河遊戲。
只要用淘汰的T恤來製作就可以了。

〔設計・製作〕ROSY

環圈拉扯麻花玩具

Tugging Rope "Ring Type"

對於喜歡咬拉東西的狗狗，適合做短一點，是非常適合狗狗玩的一個遊戲。
手縫的動物玩具都是被咬被拉到破爛不堪，對於這種好玩的東西，媚璐是很滿足的。

〔設計・製作〕ROSY

Denim Dumbbell
丹寧布骨頭

●材料
牛仔布寬110cm×50cm

●做法
①參照圖裁剪，一端拆成穗狀。
②上下往內摺疊，再對摺成圓形。
穗的一方打結。
③另一方也打結，剪斷再撕成穗狀。

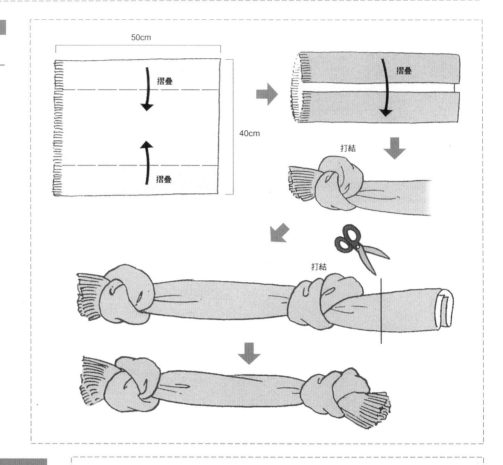

"Hechima" Ring
菜瓜咬咬麻花圈

●材料
3色棉繩直徑1cm×150cm各一條、菜瓜布1個

●做法
①菜瓜布剪成6cm寬，再用剪刀剪出3個穿洞。
②將3色的棉繩打結後編辮子約24cm長，分別穿
過菜瓜布的洞。
③再將3條棉繩繼續編辮子24cm。
將②的結拆開。
④決定圓圈的大小，兩端互相打結，剪掉多餘的
棉繩。

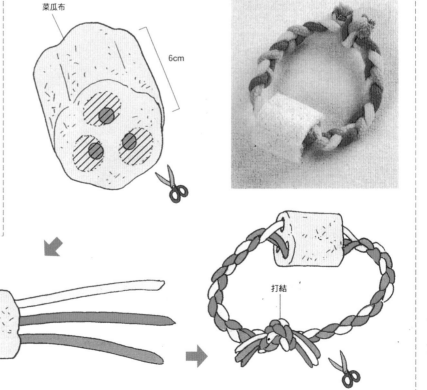

Y 字拉扯麻花繩

●材料
T恤用的伸縮布寬120cm×75cm

●做法
①將布分別裁剪好，捲成圓形。
②將A的3長條一端打結後編辮子，結束處再打結。
③於②的中心每1條通過B 1條，對摺拉成等長，每兩條
　當1條用，3條編辮子後打結。
④打結後將多餘的布剪掉。

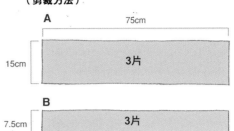

重點
依據狗狗的大小裁剪布的長
度和寬度。

（剪裁方法）

A
75cm

3片

15cm

B
7.5cm

3片

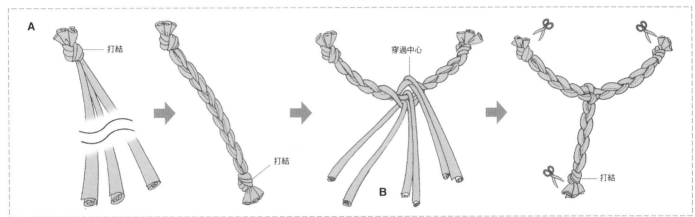

A

打結

打結

穿過中心

B

打結

環圈拉扯麻花玩具

●材料
3色直徑8mm的棉繩各150cm

●做法
①3條棉繩弄齊後於50cm處輕輕地打個結，編辮子約30cm。
②拆掉打結處，將辮子編好部分打結成圓形。
③以每兩條為1單位編辮子，長短決定後打結，剪掉多餘的棉繩。

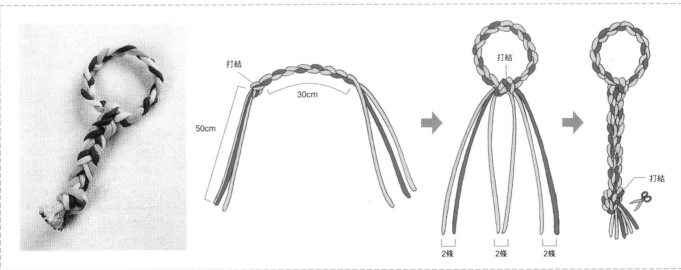

打結

30cm

50cm

打結

打結

2條　　2條　　2條

柔軟的室內鋪墊及枕頭

Soft House mat
&Pillow

中間塞入鋪棉的柔軟鋪墊，鋪在狗狗最喜歡的地方。
一起去旅行時，有常使用的鋪墊會讓狗狗比較舒適。
枕頭則做成頭頸部靠著時剛剛好的弧度。

〔設計・製作〕un peu for DOG

Model Dog

健太

迷你獵腸狗

5歲3個月

大概是有一點獵犬血統的關係，健太是相當喜歡在戶外的狗。爬山或游泳也絕對不會輸給大型狗。不管到哪裡，牠還是帶著自己的基本配備，滿足牠少不了的舒適午覺。

心型輕鬆枕頭

Arrange
Pillow "Heart"

夏天涼爽的地方，冬天溫暖的地方。
為了能讓狗狗睡個舒服的午覺，不管到哪裡都會給牠專用的枕頭。
沒有枕頭，健太會睡不著覺。

〔設計‧製作〕un peu for DOG

造型狗枕頭

Arrange
Pillow "Dog"

這是枕頭嗎？還是動物玩偶？
白色毛毛的毛皮做成的小狗，下垂的耳朵和小尾巴是重點。
眼睛和鼻子使用塑膠做成，是給已經過了淘氣時代、變得成熟的狗狗專用。

〔設計‧製作〕un peu for DOG

柔軟的室內鋪墊

●材料
白色伸縮布80cm×50cm、水藍色棉布80cm×50cm、
鋪棉厚2cm長80cm×50cm、針織彈性滾邊條白色250cm、
繡線（水藍、粉紅、黃綠色）適量、縫線（橘色）適量

●做法
①在伸縮布和棉布之間夾入鋪棉，周圍以縫線假縫固定。
②彈性滾邊條包夾著縫分，用縫線假縫固定。
③車縫一整圈。
④3片合好後，以3條繡線用略針縫的刺繡方法
　繡上星星的圖案。
　縫針要垂直的穿縫。

（剪裁方法）

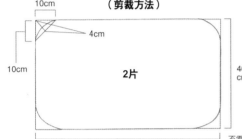
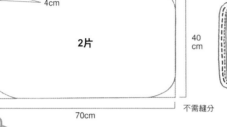

重點
於②的假縫是重要的。車縫時不要歪掉。

柔軟的枕頭

●材料
白色伸縮布50cm×40cm、粉水色棉布50cm×40cm、
填充棉約30g、繡線（水藍、粉紅、黃綠色）適量

●做法
①在伸縮布上描繪實物大小圖案，再以3條繡線繡上圓圈。
②2片的布中表對好縫合，大概留下10cm做記號。
③縫分如圖剪開，免得表面不平整。
④翻回表面，以熨斗整燙。
⑤填充棉均勻地塞入。
⑥做不顯眼的斜針縫。

●紙樣
紙樣A面

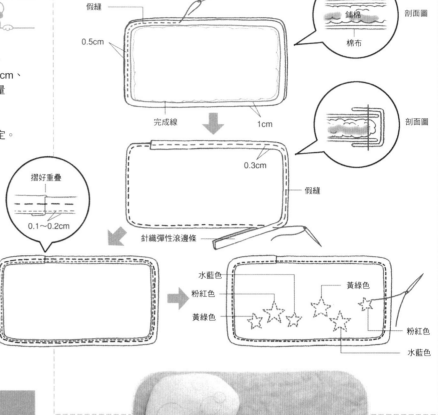

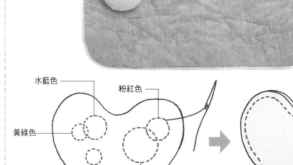

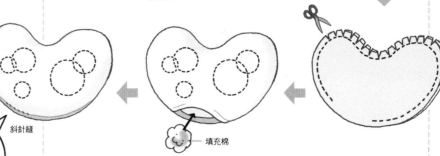

心型輕鬆枕頭

●材料
伸縮布（粉紅色）50cm×40cm、棉布（咖啡色條紋）50cm×40cm、不織布（紅色、胭脂紅）各10cm×10cm、填充棉約30g、繡線（咖啡紅）或是車縫線適量

●做法
①不織布剪成心型，以黏膠黏在伸縮布的表面上。
②以繡線做貼布繡。
③柔軟枕頭參照44頁的②～⑥相同做法。

●紙樣
紙樣A面

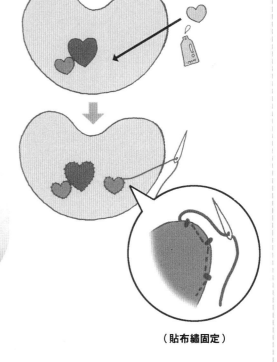

（貼布繡固定）

造型狗枕頭

●材料
白色絨布50cm×40cm、棉布（黃綠色條紋）50cm×40cm、填充棉約30g、動動眼1.5cm2個、五體鼻子1個

●做法
①做耳朵和尾巴。
②尾巴先假縫固定。
③尾巴夾住，柔軟枕頭參照44頁的②～⑤相同做法。
④在還沒完全縫合前，先將眼睛、鼻子、耳朵接縫上。

●紙樣
紙樣A面

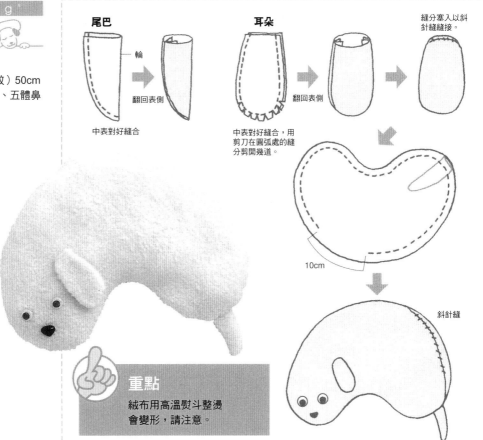

尾巴

輪

中表對好縫合

翻回表側

耳朵

中表對好縫合，用剪刀在圓弧處的縫分剪開幾道。

翻回表側

縫分塞入以斜針縫縫接。

10cm

斜針縫

重點
絨布用高溫熨斗整燙會變形，請注意。

45

雙面防污餐墊

Luncheon mat

早餐是用筷子吃的中式餐。
晚餐是用刀叉的西餐。
一直都是相同的狗食，只是希望能改
變一下吃飯時的氣氛。
抱著這樣的心情，做成了兩面可用、
不同花樣的餐墊。

〔設計‧製作〕un peu for DOG

陶土彩繪狗碗

Bowl

在什麼都沒有的白色碗上，
以低溫陶和素陶顏料創作改
變。
做出骨頭的圖案，塗上顏料
，寫上狗狗的名字，就是狗
狗的專用餐具了。

〔設計‧製作〕ROSY

Model Dog

櫻花

喜樂蒂牧羊犬
3歲 ♀

最喜歡的食物是麵包和蔬菜，是
一位用餐很慢很優雅的淑女。不
過常常突然出現旺盛的精力，做
出誰也無法讓牠停止的狂奔。

剪影拼布餐墊

Patchwork Luncheon mat

是充滿愛、寫上名字的餐墊。有時
去別人家裡打擾時，拿出來使用，
就變得很有淑女的感覺了。
建議也可以做為送給愛狗好友的禮
物。

〔設計‧製作〕un peu for DOG
★做法刊載於第50頁

小點心專用保鮮罐

Snack Case

一個裝餅干
一個裝牛皮骨
防止狗狗獨自在家時偷吃
、能確實封好的罐子。
準備要開瓶蓋嘍，瞧櫻花
一臉興奮呢！

〔設計‧製作〕ROSY
★做法刊載於第51頁

Luncheon mat
雙面防污餐墊

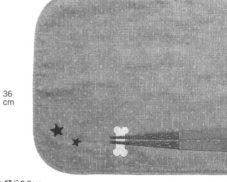

●材料
粉紅色格子棉布寬（西洋風）60cm×50cm、淡磚紅棉布寬（東洋風）60cm×50cm、不織布（灰色、咖啡色、黃綠色、膚色、藍色、紅色、黃色）適量、繡線適量

●做法
①剪好西洋風和東洋風的各裝飾配件，以黏膠貼上，做刺繡。
②2片布中表對好，留下10～15cm，其餘做縫合。
③摺返至表面，以熨斗整燙角落及縫合處，再車縫一道。

●紙樣（西洋風、東洋風各配件的圖）
紙樣A面

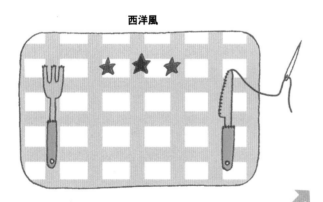

（剪裁方法）

10cm

4cm

10cm

36 cm

53cm

＊縫分0.6cm

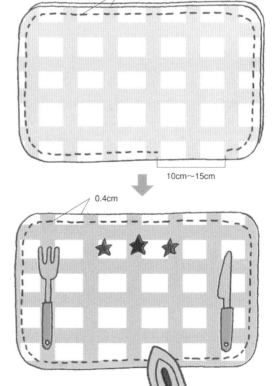

西洋風

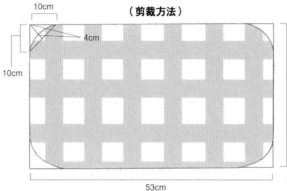

0.6cm

10cm～15cm

東洋風

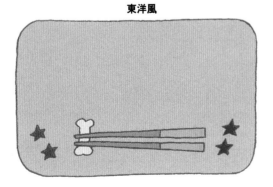

0.4cm

陶土彩繪狗碗

●材料
陶碗2個、低溫陶（星星圖案黏土、橘色、白色）適量、低溫陶瓷素筆（紅色、藍色）各3支、線適量、膠帶、黏土用道具……切割刀、擀麵棍、竹刀、蠟紙（烹調用紙）、免洗筷子

●做法
①碗洗好，用線分成八等分。
②要上色的旁邊貼上膠帶，塗上顏色。
③以230度烤20分鐘。
④低溫陶加熱搓捏，以擀麵棍壓平。
⑤使用切割刀和竹刀做出四角形和骨頭形狀。
　將已有星星圖案黏土的做輪狀切割下來，以手指整理周圍形狀。
⑥以手指將黏土貼在洗好擦乾的碗上。
　整理其大小和形狀。
⑦以120～130度烤20～30分鐘，取出使其冷卻。

重點
由於著色常會不均勻的關係，所以重複2、3次的上色及燒烤的作業會比較漂亮。

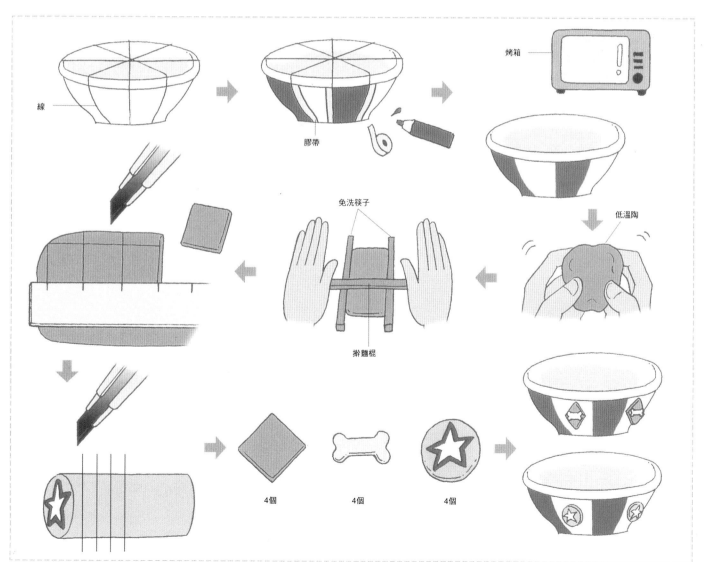

線

膠帶

烤箱

免洗筷子

擀麵棍

低溫陶

4個　　4個　　4個

Patchwork Luncheon mat

剪影拼布餐墊

●材料

紅色棉布寬50cm×50cm、淺褐色棉布寬50cm×15cm、毛巾布
寬50cm×15cm、滾邊條160cm、型染布用染料（咖啡色、白色）
適量

●做法

①各塊布分別裁成11.6cm×12.7cm各4片。

②淺褐色2片中表對好縫接，縫分以熨斗燙開。

③翻回表面，以型染筆描下名字。

④將②和①中的其他布塊做接縫，縫分以熨斗燙開。

⑤裡側的紅布裁成30.8cm×44.8cm，和④外表對好假縫固定。

⑥旁邊以滾邊條包覆縫上。

⑦參照79頁的小狗和小雞的形狀做型染。

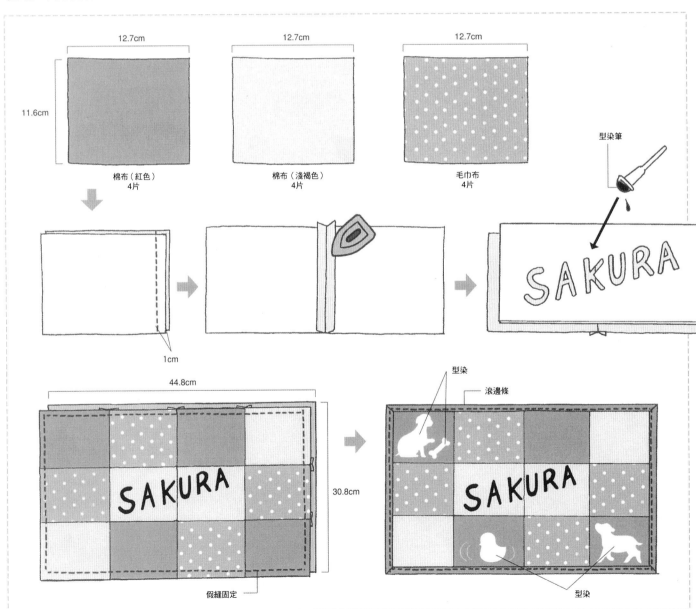

小點心專用保鮮罐

●材料

密封罐2個、低溫陶（粉紅色、橘色、白色、有星星圖案、藍色）
適量、黏土用道具……切割刀、擀麵棍、竹刀、蠟紙（烹調用紙）
及免洗筷子

●做法

①和49頁的陶土彩繪狗碗的④相同方法，將低溫陶擀開攤平。

②使用切割刀、竹刀裁出四角形和骨頭形狀，並做出SWEET的文字。
依原設計好的星星圖案輪切，以手指整理其周圍的形狀。

③用手指順著罐子貼上黏土。
多餘的部分用切割刀切除，並整理大小和形狀。

④用120～130度烤20～30分鐘，取出使其冷卻。

 重點

陶土每次以取少量為準，工作時才比較不費力哦！

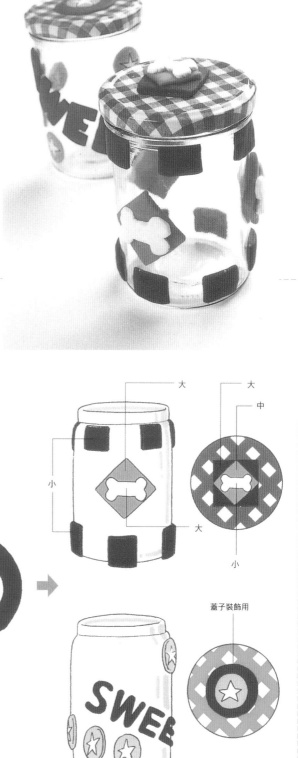

 小12個

 大1個

 大3個

 小1個

 中1個

 大3個

蓋子裝飾用

竹刀

SWEET
SWEET

6個

1個

蓋子裝飾用

蓋子裝飾用

健康至上急救箱
First-aid kit

因為是使用洗衣粉空盒子和牛奶紙盒做成的,所以能放心地裝入耳朵的洗淨液和牙齒的清潔液。
也可以把它做成狗狗的專用急救箱哦!

〔設計・製作〕ROSY

Model Dog

湯姆

博美犬

9歲6個月

為了保持漂亮整齊的毛,所以絕不會往水窪處走,非常地沉著穩重又聰明。非常喜歡陪未滿1歲的小狗狗玩耍,湯姆可是全身都充滿了父愛呢!

愛美梳子盒
Brush Box

湯姆在喝完水後,那副表情就好像在說:「趕快幫我整理儀容吧!」
整理儀容是牠隨時必做的功課。
像這樣愛漂亮的狗狗,專用工具箱絕對是必備的啦!

〔設計・製作〕ROSY

健康至上急救箱

●材料
洗衣粉的空盒子、牛奶空盒1個、瓦楞紙適量、厚棉布（紅色）寬110cm×20cm（粉紅色）寬110cm×50cm、不織布（紅、藍、白）10cm平方各一片、雙面膠、白膠

●做法
①取下手提把，裁剪厚棉布，使其大小能包覆洗衣粉的空盒和蓋子。
　將其用雙面膠或白膠黏上。
②內側將裁剪好的瓦楞紙貼在兩側。
　中間用的隔間板是將3片重疊，貼上厚棉布，再黏貼於盒子中間。
③牛奶盒子由底部裁剪3cm高，貼上厚棉布，做為內箱。
④以不織布剪下名字、腳印和十字，用白膠貼在盒子上，再裝上手提把。

重點
選用的厚棉布必須不透光，以免洗衣粉空盒上的文字透出來。

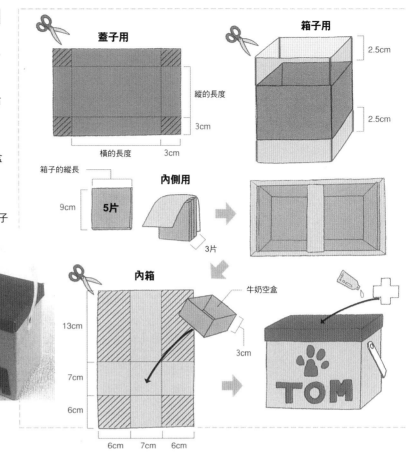

蓋子用
縱的長度
3cm
橫的長度
3cm
箱子用
2.5cm
2.5cm
箱子的縱長
9cm
5片
內側用
3片
內箱
13cm
7cm
6cm
6cm　7cm　6cm
牛奶空盒
3cm

愛美梳子盒

●材料
牛奶空盒（1公升裝）1個、不織布（橘色、黃色）50cm平方各2片、（藍色）20cm平方1片、雙面膠、白膠

●做法
①牛奶空盒參照圖裁剪。
②將A（10cm）的一角裁開，做成三角柱。
③裁剪不織布。
　盒子貼上雙面膠，不織布黏貼於盒子的周圍。
④將A的三角柱貼在B的盒子中。
⑤用不織布剪下狗的形狀和骨頭的形狀（參照79頁），再以白膠貼在盒子外面。

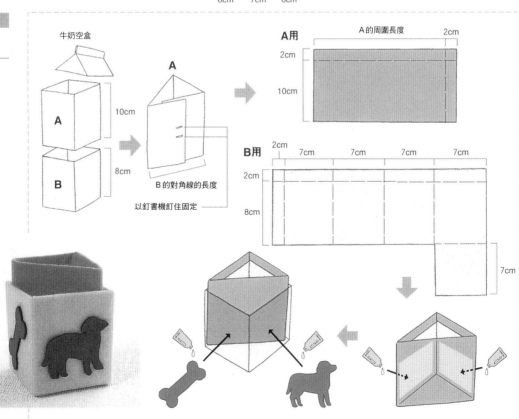

牛奶空盒
A
B
10cm
8cm
A
B的對角線的長度
以釘書機釘住固定
A用
A的周圍長度
2cm
2cm
10cm
B用
2cm　7cm　7cm　7cm　7cm
2cm
8cm
7cm

I ♥ 背心及圍巾
I Love Vest & Muffler

把英文字 I 改用骨頭的圖案。
不織布做好的文字和花樣，因為只需要用黏膠
黏上，所以很簡單就做好
北風吹來的寒冷日子裡，用圍巾包住牠的長耳
朵，狗狗就不容易著涼了。

〔設計・製作〕un peu for DOG
★做法刊載於第58頁

Model Dog

琴音

騎士查理王獵犬

1歲8個月 ♀

照相時雖是單獨的，可是牠平常
卻是和同種狗小武形影不離。對
於小武以外的狗狗們，牠是完全
不理會的。

溫暖滿滿背心

Warm vest

性情開朗、對於自己充滿
信心的耶魯，鮮豔的黃色
最適合！
製作時一定要選用適合自
家狗狗性格的基本顏色和
強調的顏色。
連帽、袖口邊緣、腰帶都
選用條紋花樣做強調重點
的搭配。

〔設計‧製作〕un peu for DOG
★做法刊載於第59頁

Model Dog

耶魯

大麥町狗

8歲8個月

生人的車子停在前面，如果打開
車門，耶魯就會很高興地入座搭
乘。夏天散步時，只要稍不留
意，牠就鑽入銀行吹冷氣去了。

簡單改造運動 T 恤

Remake Running Shirt

只要用小孩穿的運動衫稍作改變，就會像是專賣店所賣的狗狗專用衣服一樣。
到別人家中去做客時，穿上運動衫可以防止狗毛脫落，也是基本的做客禮貌。

〔設計・製作〕un peu for DOG
★做法刊載於第61頁

Model Dog

CONY

波蘭低地牧羊犬

2歲8個月 ♀

超迷你的CONY是ABBY的狗妹妹。ABBY吠的時候她就跟著吠，跑就跟著跑，坐就跟著坐，似乎沒有ABBY就無法自己過活，好像是ABBY哥哥的女兒一樣。

Model Dog

ABBY

迷你臘腸狗

4歲1個月 ♂

ABBY雖然已4歲，可是還很小孩子氣。「好像只要有球、狗食和點心，牠就可以被帶走似地。」是個精力充沛的大孩子。

相片印花 T 恤

Print T-shirt

是狗爸爸狗媽媽穿的 T 恤，能夠隨時和自己的狗寶貝貼在一起呢！
只要有數位相機和印表機，就能快樂地製作種種不同圖案。
JOY的最佳鏡頭是「什麼？」的歪頭姿勢。
趕快拍下瞬間的可愛畫面吧！

〔設計〕opto
★做法刊載於第61頁

Model Dog

JOY

凱恩㹴

4歲10個月 ♀

JOY個性剛強，對於同居犬阿花總是要和牠對抗。不過，「請給我」、「轉圈」「KISS」等口令牠都馬上記住，是一隻頭腦很好的狗狗。

I Love Vest & Muffler

I ♥ 背心和圍巾

●Model size

頸圍	腰圍	臀圍	背長
29cm	48cm	39cm	42cm

●材料
〔背心〕針織彈性布（灰色）寬90cm×30cm、（黑色）寬90cm
　　×10cm、不織布（黑、紅）適量
〔圍巾〕針織彈性布（灰、黑）各寬90cm×70cm、不織布
　　（黑、紅）適量、黏扣帶寬2.5cm×15cm

●做法
〔背心〕
①以不織布裁出骨頭形狀。
②中表對好右肩線縫合，用車布邊做鎖縫。
③裁剪領子，以車布邊鎖縫做縫接。
④左肩線中表對好，用車布邊鎖縫做縫接。
⑤裁剪袖圈，以車布邊鎖縫做接合。
⑥前片的下襬摺三褶後車縫。
⑦脇邊中表對好，以車布邊鎖縫作接合。
⑧後片的下襬裁剪後接合。

●紙樣
紙樣B面

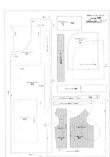

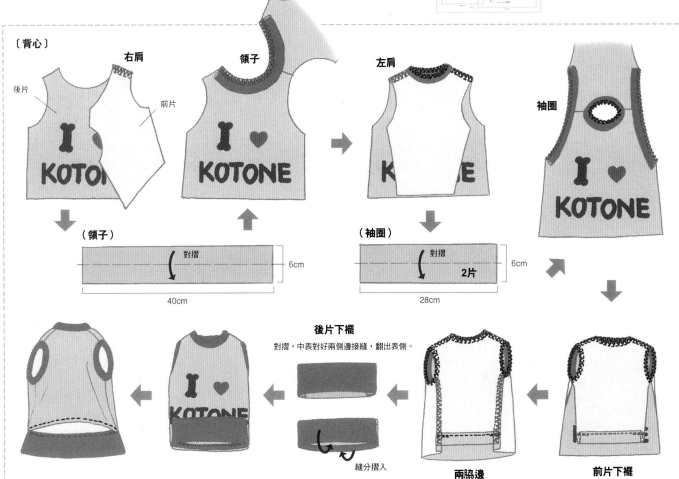

●做法
〔圍巾〕
①布裁剪4片。
②顏色交互、中表對好做縫接。
　縫分以熨斗燙開。
　兩端接縫，做成輪狀。
③對摺縫一邊，翻回表面。
　另一方摺入，以斜針縫縫合。
④不織布剪成骨頭（Ｉ）、心型和名字的文
　字，以布用黏著劑貼上。
⑤縫上黏扣帶。

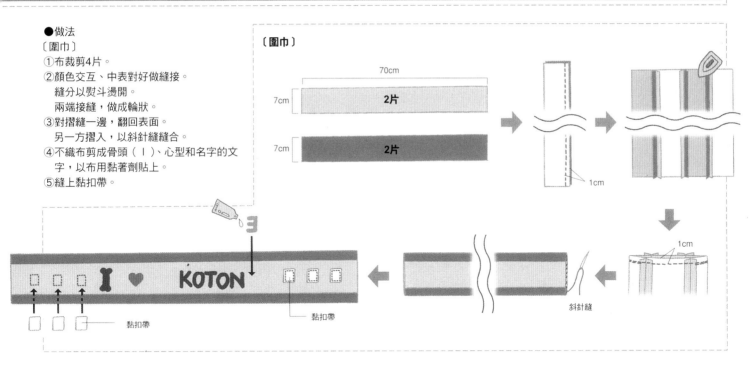

〔圍巾〕

70cm

7cm　2片

7cm　2片

1cm

1cm

斜針縫

黏扣帶

黏扣帶

Warm vest
溫暖滿滿背心

●Model size

頸圍	腰圍	臀圍	背長
44cm	78cm	63cm	70cm

●材料
法蘭絨布寬110cm×70cm、棉布（滾
邊條用）寬110cm×50cm或滾邊布條
也可、釦子6個
●做法
①摺好身片Ａ的前端做車縫，縫上釦
　子。
②牽繩的穿洞將滾邊條縫上。
③肩口縫上滾邊條，肩線以車布邊鎖縫
　做接合。
④連帽部分以車布邊鎖縫接縫。
　連帽的周圍縫上滾邊條。
　頸圍的部分做大針的縮縫，拉線使其
　有細褶。
⑤連帽部分以領緣包夾住車縫，領台翻
　回表面，領圍線和領台接縫做車縫。
⑥製作腰帶，身片Ｂ的端邊摺3摺，包
　夾著腰帶做車縫。
⑦做下襬接縫於身片Ｂ，車縫線條。
⑧臀圍的剪接線縫上滾邊條，熨斗整燙
　後，車縫線條。

●紙樣
紙樣Ｂ面

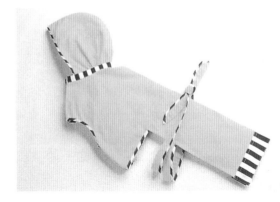

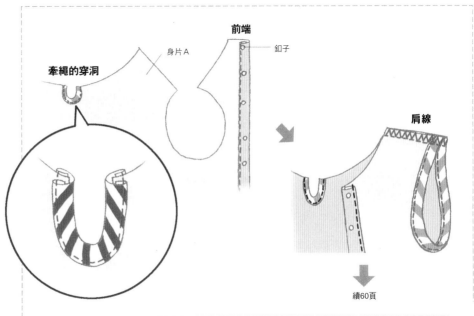

牽繩的穿洞

身片Ａ

前端

釦子

肩線

續60頁

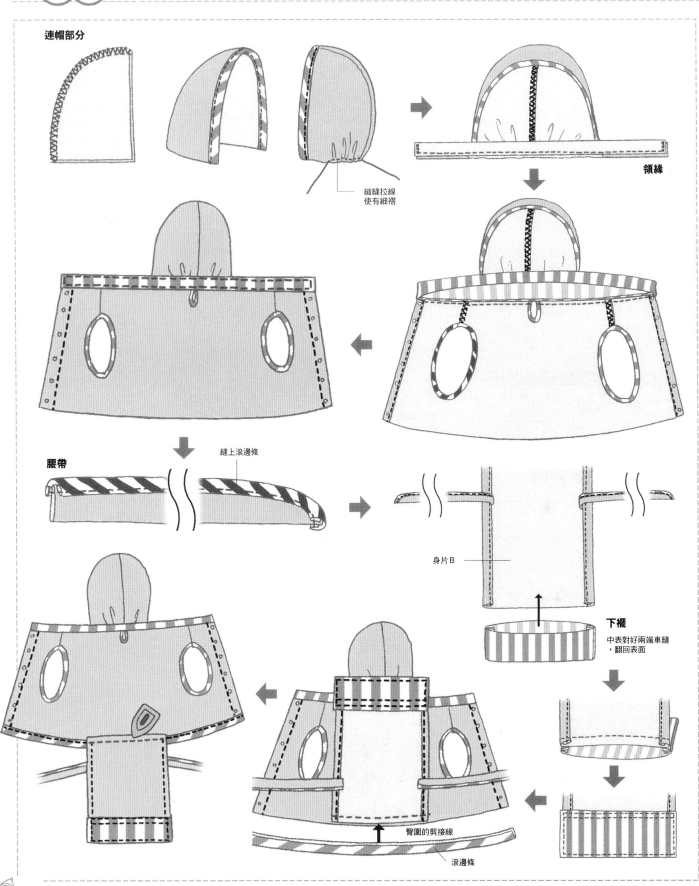

連帽部分

縮縫拉線
使有細褶

領緣

縫上滾邊條

腰帶

身片B

下襬
中表對好兩端車縫
，翻回表面

臀圍的剪接線

滾邊條

簡單改造運動 T 恤

●Model size

頸圍S	腰圍S	臀圍S	背長S
27.5cm	41cm	30cm	40m
頸圍M	腰圍M	臀圍M	背長M
29cm	50cm	36cm	51cm

●材料
〔S〕小孩穿運動衫（90cm～95cm）、型染布
用染料（白色）適量
〔M〕小孩穿運動衫（95cm～100cm）、緞帶
（針織紅色）寬2cm×100cm
●做法
①由後中心剪開。
②S做星星圖案的型染。
　M將緞帶放在圖示位置做車縫。
③M於中心對摺中表對好做車縫，剪掉多餘的
　縫分，如圖車布邊鎖縫。
④為了讓狗狗方便如廁，於適當的位置裁剪。
　縫分車布邊，褶邊車縫。

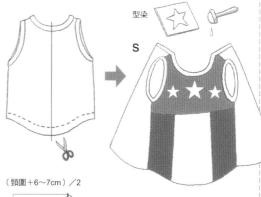
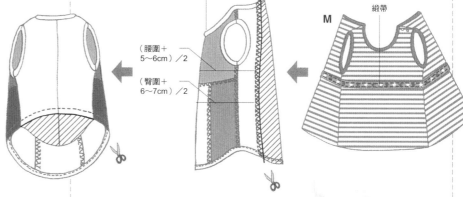

型染

S

（頸圍＋6～7cm）／2

緞帶

M

（腰圍＋5～6cm）／2
（臀圍＋6～7cm）／2

重點
前片做為狗狗的背部，車縫線選擇有
伸縮性的車線。

相片印花 T 恤

●材料
數位相片、轉印紙、T恤（或大包包）
●做法
①利用電腦在數位相片中加入姓名，或是想要
　寫下的話。
②列印於轉印紙上。
③剪掉轉印紙多餘的部分。
④以熨斗整燙轉熨於T恤上，取下紙張。

數位相片

數位相片加工

列印

轉印紙

I ❤ JOY
Enjoy Life

KENTA

大包包的做法於第17頁

T恤

重點
由於以熨斗將圖案做相反的轉熨，所以
列印②時一定要列印成相反的圖案。

夏季風情日式浴衣

"Yukata"

在初夏的陽光下，特琪和茉茉穿著可愛的日式浴衣。

牠們倆早已經習慣被人說「好可愛」，穿上一樣款式的日式浴衣，更是可愛到不行呢！寬大的帶子綁在後面，是不是看起來更淑女呢？

〔設計・製作〕un peu for DOG

Model Dog

茉茉（粉紅色日式浴衣）

吉娃娃

9個月 ♀

還不太習慣在照相機面前搔首弄姿，拍著拍著，茉茉居然往牠的秘密基地逃跑了。

Model Dog

特琪（黃綠色日式浴衣）

吉娃娃

9個月 ♀

寵物瓶和罐是牠的最愛，牠看到有人手拿著時，牠就會站起來抱著做出喝的姿勢。體重1.2kg，雖然小小的，卻是讓人愛不釋手的聰明狗狗。

快樂聖誕披風

Santa Claus wear

聖誕拉偉祝大家聖誕快樂！
連身的帽頂和胸前都有絨線做的絨球，
背上還附有裝禮物的袋子。

〔設計・製作〕un peu for DOG

"Yukata"
夏季風情日式浴衣

●Model size

頸圍	腰圍	背長
15.5cm	25cm	22cm

●材料
粉紅色格子布寬60cm×80cm、紅色花紋
布寬60cm×40cm、黏扣帶寬2cm×5cm

●做法
①專縫身片。
②做袖子和身片縫接。
③做領子，縫接於身片。車縫端邊翻到表面做斜針縫。
④車縫袖下和脇邊。
⑤下襬以熨斗整燙，摺3褶後做藏針縫。
⑥做帶子和蝴蝶結，帶子以斜針縫接，蝴蝶結也一起縫上。
⑦縫上黏扣帶。

●紙樣（身片部分）
　紙樣A面

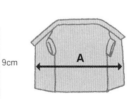

重點
先將黏扣帶軟的一面先縫上，試穿合身後再將硬的一面於適當的位置縫接上。

（剪裁方法）

領子

袖子
3cm
16cm
縫分1.5cm
縫分0.5cm
36cm
2.4cm　2.5cm　2cm

蝴蝶結和帶子

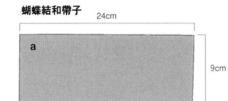
24cm
a
9cm

33cm（A的長度）　6cm
d
4.5cm

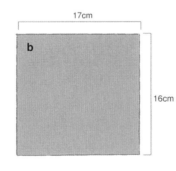
17cm
b
16cm

4cm
c
9cm

※縫分1cm。其餘依照寫的公分數。

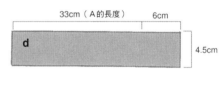

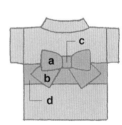
A

c
a
b
d

身片

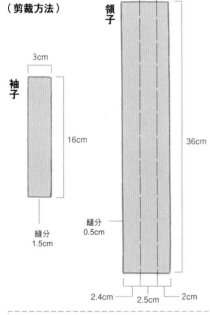
摺入藏針縫

（摺入藏針縫）
表

袖子

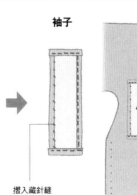
摺入藏針縫

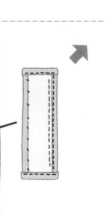

領子

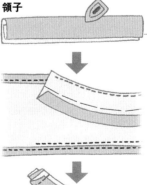

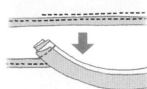

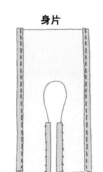

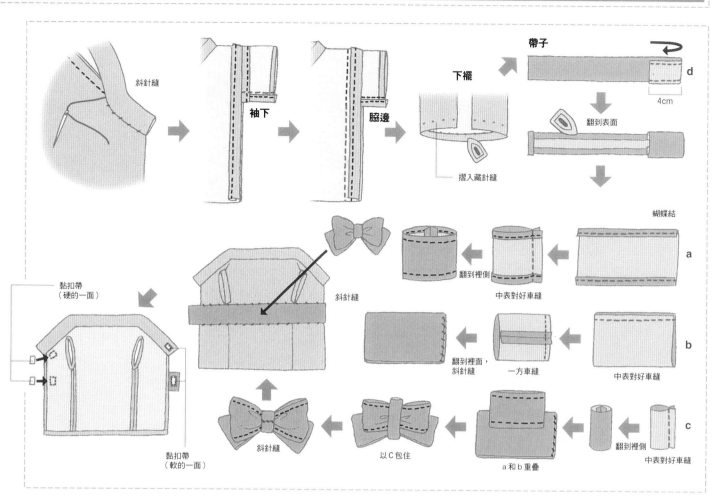

斜針縫　袖下　脇邊　下襬　帶子　d　4cm

翻到表面

摺入藏針縫

蝴蝶結

a　中表對好車縫　翻到裡側

b　中表對好車縫　翻到裡面，斜針縫　一方車縫

c　中表對好車縫　翻到裡側　a和b重疊　以C包住　斜針縫

黏扣帶（硬的一面）

黏扣帶（軟的一面）　斜針縫

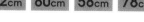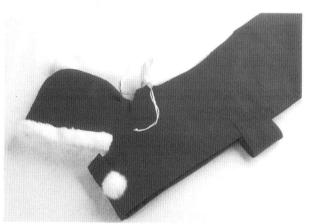

快樂聖誕披風

● Model size

頸圍	腰圍	臀圍	背長
42cm	80cm	58cm	78cm

● 材料

羊毛布（紅色）寬140cm×100cm、絨毛布條寬8cm×65cm、毛球2個、棉布寬110cm×25cm、棉繩（白色）100cm、黏扣帶寬2.5cm×6.5cm・寬5cm×8cm

● 做法（參看66頁的圖）

① 前端摺3褶車縫，接縫黏扣帶和毛球。

② 脇邊摺3褶車縫。

③ 下襬摺3褶車縫。

④ 牽繩的穿孔縫上滾邊條。

⑤ 連帽中表對好以車布邊鎖縫接合，連帽的帽沿摺2褶，以車布邊鎖縫縫接絨毛布條。
　 縫分倒向單方的車縫，毛球縫上，頸圍的部分做大針的縮縫，拉線做出細褶。

⑥ 領緣包夾住連帽車縫，領子翻回表面，縫接於領圍線做車縫。

⑦ 做袋子和腰帶。

⑧ 袋口打開，車縫於背部。腰帶接縫於脇邊。

● 紙樣
紙樣B面

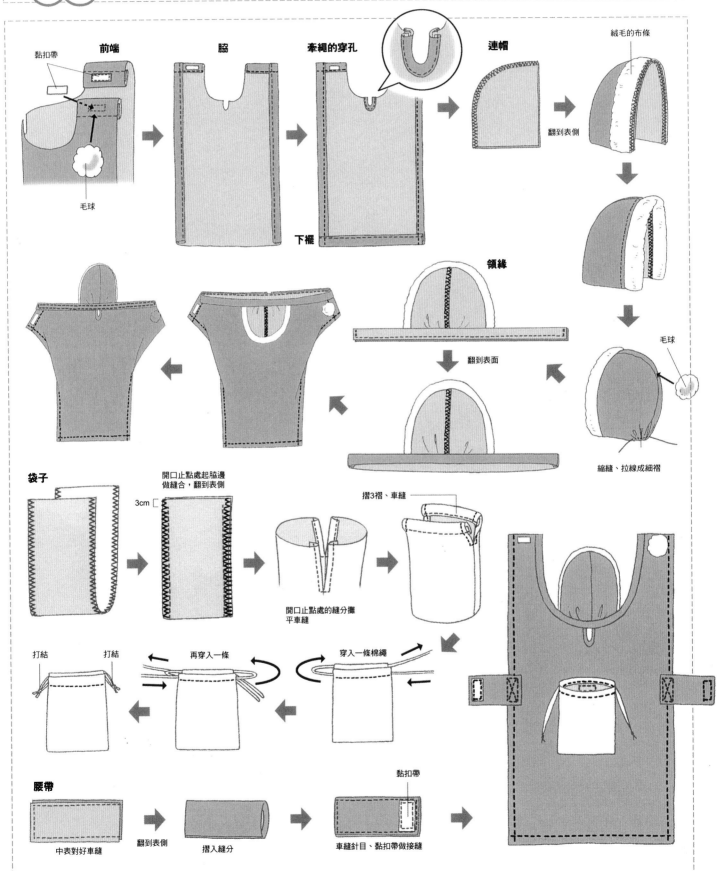

前端

黏扣帶

毛球

脇

下襬

牽繩的穿孔

連帽

翻到表側

絨毛的布條

毛球

縮縫、拉線成細褶

領緣

翻到表面

袋子

3cm

開口止點處起脇邊
做縫合，翻到表側

開口止點處的縫分攤
平車縫

摺3褶、車縫

打結   打結

再穿入一條

穿入一條棉繩

黏扣帶

腰帶

中表對好車縫

翻到表側

摺入縫分

車縫針目、黏扣帶做接縫

紳士專用領帶&領結

Collar&Necktie
Collar&Bowtie

狗狗也是很喜歡參加家庭聚會的。
由於領子有黏扣帶，所以要戴領帶或領結
就簡單多了。
搭配衣服會讓狗狗更時髦，試試吧！

〔設計・製作〕un peu for DOG
★做法刊載於第70頁

Model Dog

ZERO（領結）

迷你雪納瑞犬

2歲3個月 ♂

總是會禮讓SHEETA的體貼紳士，
一定依順序等待著被抱和座位。鼻
子邊哼、屁股邊搖擺的舞步和自己
由箱子拿出玩具來玩耍是牠最得意
的本領。

Model Dog

SHEETA（領帶）

迷你雪納瑞犬

2歲3個月 ♂

什麼都是自己要第一的SHEETA，
很有跳躍的力量；這種力量在要被
抱時發揮的淋漓盡致。

氣質貴婦斗篷

Warm Cape

無論是任何事物，若COCO和LUCKY沒有一起的話，就覺得好像對不起彼此。看起來現在所穿的好像是不一樣的兩件衣服，事實上是正反兩面可穿的同款斗篷。
這是以寬大的毛皮和毛球做成的華麗斗篷。

〔設計・製作〕un peu for DOG

Model Dog

COCO
蝴蝶犬
2歲2個月 ♀

再怎麼說，牛奶就是牠的最愛。一聽到「牛奶」，耳朵就豎了起來；一看到牛奶就會高興地跳舞。

Model Dog

LUCKY
蝴蝶犬
3歲 ♂

一直都面帶微笑的LUCKY，牠有好多的狗狗好朋友。但是牠最喜歡的還是COCO，吃飯、散步、玩具、睡覺，不管做什麼事都在一起。

Bunny
兔子裝

Bee
蜜蜂裝

Panda
貓熊裝

卡哇伊變身帽
Animal cap

雖然事前滿擔心牠會不喜歡被改變造型，不過變身帽一戴上，立刻引起週遭的人注意，牠也變得非常開心。
牠最喜歡的應該是蜜蜂的裝扮。

〔設計‧製作〕un peu for DOG

Model Dog

Bick

瑪爾濟斯犬

10歲1個月 ♀

雖然打扮得如此可愛，在外面散步時，遇到大狗狗總是擺出一副高傲的神態。就連牠的狗妹妹也在Bick面前抬不起頭來呢！

Collar&Necktie Collar&Bowtie
紳士專用領帶&領結

●Model size

頸圍
29cm

●材料
〔領子〕棉布寬110cm×20cm、黏扣帶適量
〔領帶〕印花布寬110cm×10cm（以橫布使用）、
　　　　黏扣帶適量
〔領結〕印花布寬110cm×10cm、黏扣帶適量

●做法
〔領子〕
①上領中表對好，翻出表側，於表面的
　周圍三邊做車縫。
②以領緣夾著做車縫接合，翻回表面。
　領緣下側的縫分摺入，周圍做車縫。
③車縫上黏扣帶。
〔領帶〕
①中表對好縫合，翻出表面。
②上面的部分摺好，縫上黏扣帶，捲繞
　住①的部分，以斜針縫縫接。
〔領結〕
①分別摺好，縫上黏扣帶。
②如圖捲繞住，以斜針縫縫接。

●紙樣
紙樣A面

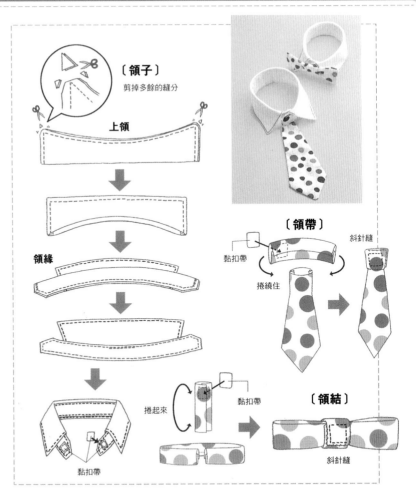

Warm Cape
氣質貴婦斗篷

●Model size

頸圍	腰圍	背長
23cm	**30**cm	**29**cm

●材料
毛皮寬50cm×30cm、印花布寬50cm×30cm、
緞帶寬3mm×70cm、毛球2個

●做法
①領子和身片中表對好縫合，毛皮和印花布分別縫接。
②將①的毛皮和印花布中表對好縫合周邊（留下3處不縫）。
③翻至表側，以熨斗整燙。留下12cm沒縫合的地方以斜針縫縫合。
④領子和身片接合處的兩側各車縫一道。
⑤將④車縫兩道之間穿入緞帶。
　毛球縫於緞帶的兩端，約摺2cm縫合。
⑥配合頸圍的尺寸，將緞帶固定縫住。

●紙樣
紙樣A面

重點
毛皮以高溫整燙時會
變形，請注意。

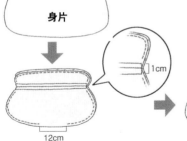

領子
身片

1cm

12cm

斜針縫

0.5cm

0.5cm

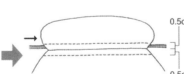

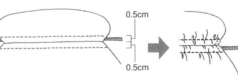

卡哇伊變身帽

●Model size

頭圍	頭圍	臉的輪廓
22cm	**24**cm	**25**cm

●紙樣
紙樣A面

Panda
貓熊裝

●材料
毛皮（白）寬40cm×30cm、
（黑）寬20cm×10cm、黏扣帶
寬2cm×3cm

●做法
①中表對好縫合展開。
②縫分往內摺2摺車縫。
③縫接上黏扣帶。
④製作耳朵2片。
⑤縫接上耳朵。

重點
為了不弄痛狗狗，所以將黏扣帶
角落剪成弧度較好。

Bunny
兔子裝

●材料
羊毛皮（米色）寬50cm×30cm、不
織布（淺粉紅色）10cm正方1片、黏
扣帶寬2cm×3cm

●做法
①和貓熊裝①～③同樣做法。
②製作耳朵。
③接縫耳朵。

Bee
蜜蜂裝

●材料
毛皮（黃色）寬40cm×30cm、
毛球（黑色）直徑2cm2個、絨布
條（黑色）6cm、黏扣帶寬2cm
×3cm

●做法
①和貓熊裝的①～③做法相同。
②製作觸角。
③縫接觸角。

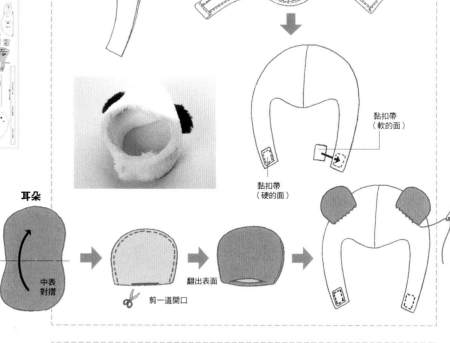

耳朵

中表
對摺

剪一道開口

翻出表面

黏扣帶
（軟的面）

黏扣帶
（硬的面）

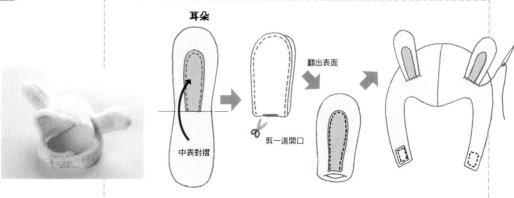

耳朵

中表對摺

剪一道開口

翻出表面

觸角

毛球

布用黏膠

3cm

絨布條

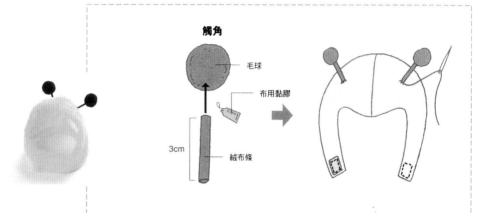

快樂出遊雨衣
Remake Raincoat

咪琍發出又高又響的聲音，似乎在傳達訊息給牠的狗朋友。為了精力旺盛的咪琍在雨天也能出去散步，所以用小孩子的雨衣來做改造。鈕子的位置在背部，穿的時候很方便。

〔設計・製作〕un peu for DOG

Model Dog

咪琍

米格魯犬

1歲10個月 ♀

對肉過敏的咪琍最喜歡蘋果，沒有蘋果牠就沒辦法過活。雖然精力旺盛，可是卻很怕冷，冬天絕對是窩在電暖爐邊過的。

貼心呵護生理褲
Sanitary Pants

〔設計・製作〕un peu for DOG

PICO常會被誤以為還是BABY，因為牠有一張baby face。已經7歲了的牠也習慣要穿褲子。在不太適合散步的季節，穿上紅色華麗的褲子就會讓心情變得開朗。

Model Dog

PICO

迷你臘腸狗

7歲8個月 ♀

是本書擔任設計製作「un peu for DOG」的專屬Model，有許多令其他狗狗也都羨慕的漂漂衣服。牠非常乖又很愛撒嬌，一直都是把牠放入包包一起帶著外出。

Remake Raincoat
快樂出遊雨衣

●Model size

頸圍	腰圍	臀圍	背長
30cm	44cm	37cm	38cm

●材料

3～4歲小孩用雨衣（95cm～100cm）、黏扣帶適量

●做法

①如圖剪下雨衣的連帽部分、袖子和下襬。

②後中心線對摺，配合腰圍的尺寸剪掉多餘的部分。
　中表對好，縫合剪開處，以車布邊鎖縫縫合。

③領圍線摺3褶車縫。

④下襬如圖剪成弧形。

⑤袖口摺3褶，邊車縫邊穿入鬆緊帶。

⑥配合狗的頭裁剪連帽部分，周圍摺3褶做車縫。

⑦連帽的內側和衣服的領圍線表側各縫上黏扣帶。

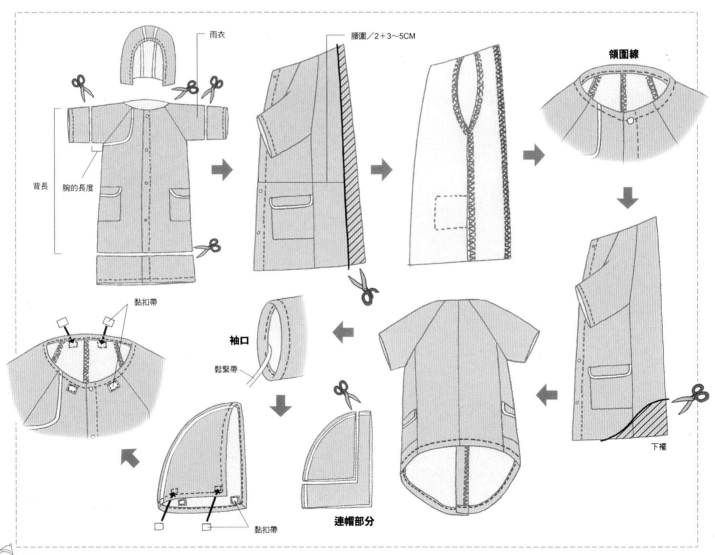

貼心呵護生理褲

●Model size

臀圍	後腳大腿圍	臀圍至尾巴的長度	尾巴圍
35cm	20cm	10cm	8cm

●材料
針織布寬90cm×30cm、
滾邊條（針織）60cm、鬆緊帶36cm

●做法
① 褲子的前後片中表對好縫接脇邊，以車布邊
　鎖縫縫合。
② 中表對好，由後片尾巴的洞起車布邊鎖縫
　5cm，只車縫單邊。
③ 尾巴的洞和褲管縫接滾邊條。
④ 於②縫5cm的相對側也以車布邊鎖縫做縫合。
⑤ 腰帶車縫成輪狀。
⑥ 褲子和腰帶縫接，留下5cm不縫接。
　由沒縫接的洞穿入鬆緊帶，全部一圈再做車布邊鎖縫。

●紙樣
紙樣A面

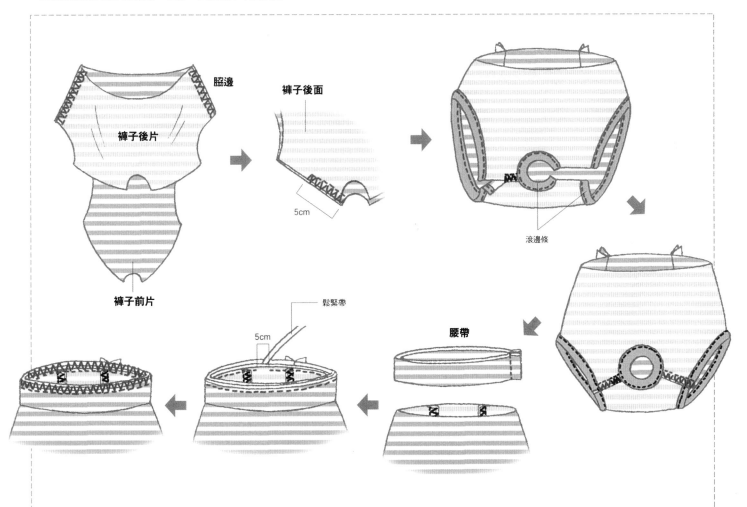

脇邊

褲子後片

褲子前片

褲子後面

5cm

滾邊條

鬆緊帶

5cm

腰帶

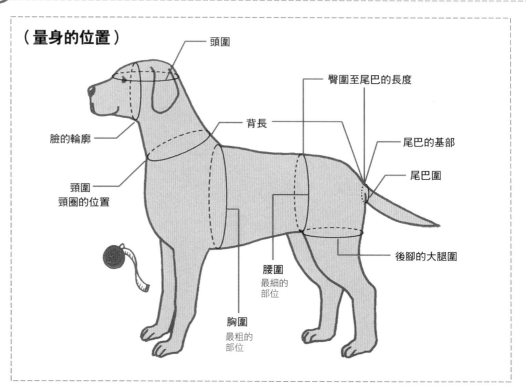

（量身的位置）

頭圍

臀圍至尾巴的長度

臉的輪廓

背長

尾巴的基部

頸圍
頸圈的位置

尾巴圍

後腳的大腿圍

腰圍
最細的
部位

胸圍
最粗的
部位

量身和尺寸

●由右側狗狗圖案表面所看到
的位置量尺寸，狗狗站立著
用布尺量取尺寸。為長毛的
狗狗量身時，請不要將毛壓
扁再量。

●尺寸參考Model size作調整。
上衣等作品先做出狗狗身材
的紙樣，確認合身後再開始
製作，或是先假縫試穿後再
開始製作也可以。

基本的技術和記號

記　號	意　思
- - - - - - -	車縫
― ― ― ―	做縮縫
wwwwwwwww	車布邊鎖縫
‒ ‒ ‒ ‒ ‒ ‒	摺線
—— ✂	裁剪線
/////////	裁除部分
🏷	用黏膠黏上
♨	熨斗整燙

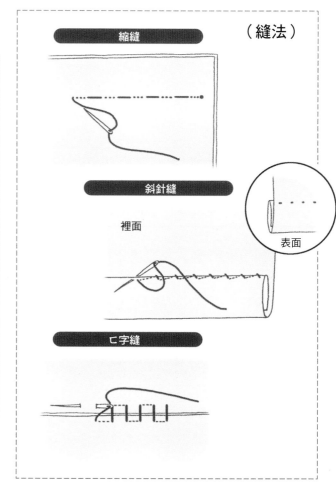

（縫法）

縮縫

斜針縫

裡面

表面

ㄷ字縫

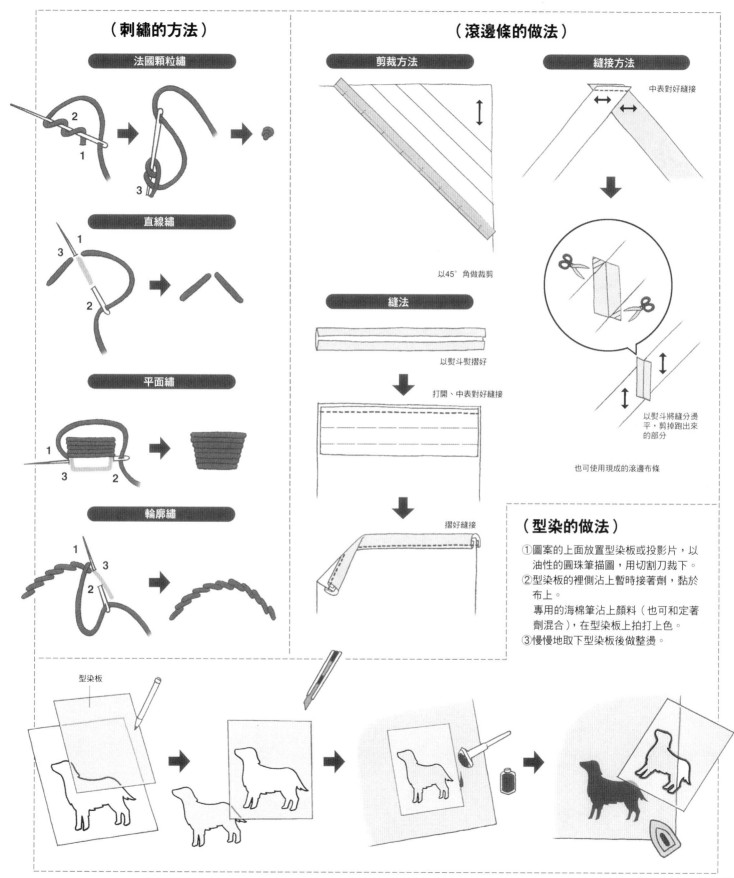

（刺繡的方法）

法國顆粒繡

直線繡

平面繡

輪廓繡

（滾邊條的做法）

剪裁方法

以45°角做裁剪

縫法

以熨斗熨摺好

打開、中表對好縫接

摺好縫接

縫接方法

中表對好縫接

以熨斗將縫分燙平，剪掉跑出來的部分

也可使用現成的滾邊布條

（型染的做法）

①圖案的上面放置型染板或投影片，以油性的圓珠筆描圖，用切割刀裁下。

②型染板的裡側沾上暫時接著劑，黏於布上。
專用的海棉筆沾上顏料（也可和定著劑混合），在型染板上拍打上色。

③慢慢地取下型染板後做整燙。

型染板

迷你臘腸狗（短毛）

Miniature Dachshund

迷你臘腸狗（長毛）

Miniature Dachshund

吉娃娃（短毛）

Chihuahua

吉娃娃（長毛）

Chihuahua

西施犬

Shih Tzu

約克夏

Yorkshire Terrier

蝴蝶犬

Papillon

玩具貴賓狗

Toy Poodle

瑪爾濟斯

Maltese

迷你雪納瑞犬

Miniature Schnauzer

巴哥犬

Pug

博美犬

Pomeranian

法國鬥牛犬

French Bulldog

威爾斯柯基犬（潘布魯克）

Welsh Corgi

米格魯犬

Beagle

邊境牧羊犬

Border Collie

黃金獵犬

Golden Retriever

拉布拉多獵犬

Labrador Retriever

小狗1

小狗2

小雞

幸運草

兔子

熊

骨頭

心型

星星

〔設計・製作〕
un pen for Dog
ROSY　岡崎惠美子　遠騰真素美（娃娃作家）

〔攝影〕
田口有史　山出高士

〔改造設計〕
高田惠美

〔裝訂設計〕
島中由香里（OPTO）

〔插圖〕
寺田恭子

〔圖案花樣〕
上妻友美

〔編輯助理〕
篠原明子　永井美香

Snowman
　　是一群以幫助人們能「充實過生活」做為概念的企畫・編輯工作團隊。專門出版有關DIY系列的趣味和狗狗一起生活的書籍，將會持續創作讓讀者喜愛的書。

動手做
狗狗配件、用品

Dogs love your hearty handmade goods!

寵物館A5

編　著 / Snowman
譯　者 / 張金蘭
主　編 / 羅煥耿
責任編輯 / 王佩賢、顏子慎
編　輯 / 陳弘毅、李欣芳
美術編輯 / 錢亞杰、鄧吟風

發 行 人 / 簡玉芬
出 版 者 / 世茂出版有限公司
登 記 證 / 局版台省業字第564號
地　址 / (231)台北縣新店市民生路19號5樓
電　話 / (02)22183277
傳　真 / (02)22183239(訂書專線)・(02)22187539
劃　撥 / 19911841世茂出版有限公司
單次郵購總金額未滿200元(含)，請加30元掛號費
酷書網網路書店 / www.coolbooks.com.tw
印前製作 / 造極彩色印刷製版股份有限公司
印　刷 / 祥新印製企業有限公司
初版一刷 / 2004年9月
二　刷 / 2006年11月
定　價 / 280元

TEDUKURI DOG GOODS
©Snowman 2002
Originally published in Japan in 2002 by Nihonbungeisha.
Chinese translation rights arranged through TOHAN COR-
PORATION,TOKYO.

國家圖書館出版品預行編目資料

動手做狗狗配件、用品 / Snowman編著．張金蘭 譯．
—初版．—台北縣新店市：世茂，2004〔民93〕
面；　公分．—(寵物館；A5)
ISBN 957-776-632-3(平裝)
1.家庭工藝

426　　　　93012538